地球家园

DIQIU JIAYUAN

中国儿童百科全书

ZHONGGUO ERTONG BAIKE QUANSHU

荣获

国家科技进步奖

国家图书奖

国家辞书奖

全国优秀科普作品奖

全国优秀少儿图书奖

中国大百科全书出版社

图书在版编目（CIP）数据

地球家园 /《中国儿童百科全书》编委会编著．--
2版．-- 北京 ：中国大百科全书出版社，2019.1
（中国儿童百科全书）
ISBN 978-7-5202-0370-8

Ⅰ．①地… Ⅱ．①中… Ⅲ．①地球－儿童读物 Ⅳ．
①P183-49

中国版本图书馆CIP数据核字（2018）第267535号

中国儿童百科全书

地球家园

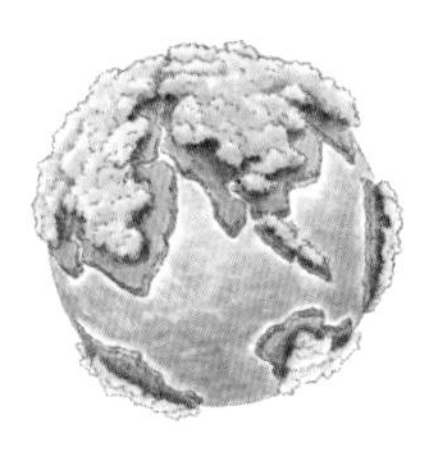

中国大百科全书出版社出版发行

（北京阜成门北大街17号 电话 68363547 邮政编码 100037）

http://www.ecph.com.cn

小森印刷（北京）有限公司印制

新华书店经销

开本：720毫米×1020毫米 1/16 印张：7

2019年1月第2版 2019年1月第1次印刷

ISBN 978-7-5202-0370-8

定价：24.00元

致小读者

ZHI XIAO DU ZHE

这是知识的海洋，

它有无穷的宝藏。

每一朵洁白的浪花，

背后都有七彩的景象。

勇敢的探索者，

你将收获斑斓的珠贝，

还将拥有三件珍贵的宝中宝——

寻找知识的兴趣，

寻找知识的方法，

寻找知识的习惯。

它们将帮助你，

在21世纪的天空，

展翅翱翔。

余心言

中国儿童百科全书

地球家园 目录

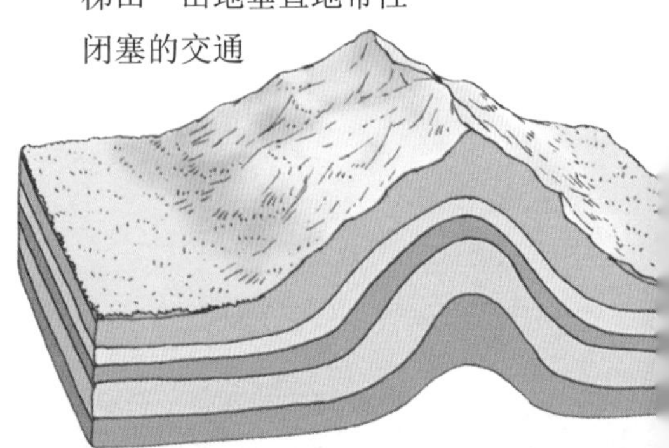

保护地球

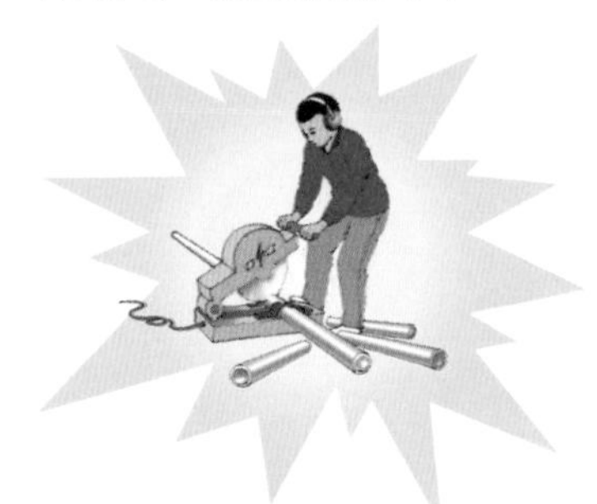

探险

我们的地球

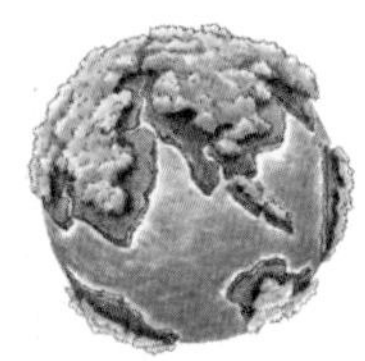

地球是太阳系的一颗行星，是我们人类的家园。它由地壳、地幔和地核构成，体积约为10830亿立方千米。地球的外部被气体包围着，称大气圈。大气圈与地球表面的水圈一起，维系着地球上的各种生命活动。

原始的地球火山爆发频繁

海洋的出现

蕴藏在地球内部的水合物，在火山喷发过程中变成水汽升到天空，然后又通过降雨落回到地面。降落到地球表面的水，填满了洼地，注满了沟谷，最后积水连成一片，地球上最原始的海洋就这样诞生了。由于原始地球周围的大气很少，大气中的水汽就更少了。因此，科学家们推测，原始海洋里的水量，可能仅为现在海洋水量的10%。

现在的海洋

大气的形成

在地球诞生初期，它的周围就包围了大量的气体。由于当时火山爆发频繁，所以地球早期的大气成分主要是水、二氧化碳、一氧化碳、氮气，以及火山喷发出的其他气体。随着生物的出现，地球大气中氧气的含量渐渐增加。最后经过几十亿年的演化，地球便形成了现今的大气层。

大气中的台风气旋

从火山中喷出的气体，构成了原始的大气层。

生命的出现

科学家研究发现，在35亿年前形成的岩石中，就已经有原始生物蓝藻、绿藻的遗迹了。虽然人类至今还不能解释地球上最初的生命是怎么出现的，但可以确定，地球上最初的生命，大约出现在40亿年前。

科学家认为，地球上最初的原始生命是一些功能和现在的病毒类似的、非细胞形态的生物。它们的躯体仅以一层“界膜”与水分开。久而久之，“界膜”发展为细胞膜，从此原始的单细胞生物——原核生物便出现了。后来，随着大气层中氧气含量的不断增加，地球上的生物越来越多，简单的原核生物也进化得越来越复杂。约10亿年前，多细胞生物已经出现。约7亿年前，水母、蠕虫等复杂的动物也已出现，此后地球上的生命世界日益多姿多彩。

地球是我们已知的唯一一颗有生命存在的星球

地球的年龄

地球上繁衍了多种多样的生命，其中的大多数现已灭绝了，但它们的遗体、遗迹有一部分在岩层中保留下来，形成了化石。科学家们通过对这些化石的研究，又结合地球岩石年龄的测定，把地球的演化历史分为若干个时代，我们称其为地质年代。

地球的历史划分为太古宙、元古宙、显生宙。显生宙又分为古生代、中生代和新生代。各代又分为不同的纪。

黄河菊石

小昆虫被树胶粘住，包裹起来，以后由于地壳运动，随大树一起埋入地下。经过亿万年的演变，大树变成了煤层，树胶和小昆虫则变成了珍贵的琥珀化石。

琥珀化石

显生宙
新生代：第四纪 —164万年前；第三纪 —6500万年前
中生代：白垩纪 —13500万年前；侏罗纪 —20800万年前；三叠纪 —25000万年前
古生代：二叠纪 —29000万年前；石炭纪 —36200万年前；泥盆纪 —40900万年前；志留纪 —43900万年前；奥陶纪 —51000万年前；寒武纪 —54300万年前
元古宙
前寒武纪

元古宙

距今25亿～5.43亿年，是地球的元古宙。在此之前的地质年代，称太古宙。那时地球上地震和火山喷发不断，岩浆四溢，后来形成了最初的海洋。到了元古宙，地球表面基本上被海洋包围着，海洋中出现了藻类和无脊椎的原始生物。

古生代

距今5.43亿～2.5亿年，地球进入古生代。古生代的意思是古老生命的时代。这时，生物界有一个非常明显的飞跃。海洋中出现了几千种动物，鱼类大批繁殖起来，还出现了用鳍爬行的鱼，并且登上陆地，成为陆地上脊椎动物的祖先。在北半球的陆地上，出现了茂密的蕨类植物。

石燕化石

我国古人最初发现石燕化石时，由于它的形状很像燕子，以为它原先会飞，就称它为石燕。其实石燕非燕，而是生活在古生代海洋里的腕足动物。

中生代

距今2.5亿～6500万年的中生代，是爬行动物兴起的时代，恐龙曾称霸一时。当时的陆地上、水域里、天空中，都能看到各种各样的“龙”的身影，因此这一时期又被称为“龙的时代”。在中生代植物界，裸子植物取代了孢子植物成为主体。当时的树木都四季常青、苍翠欲滴，只是还没有绚丽的花朵和美味的果实。

始祖鸟化石

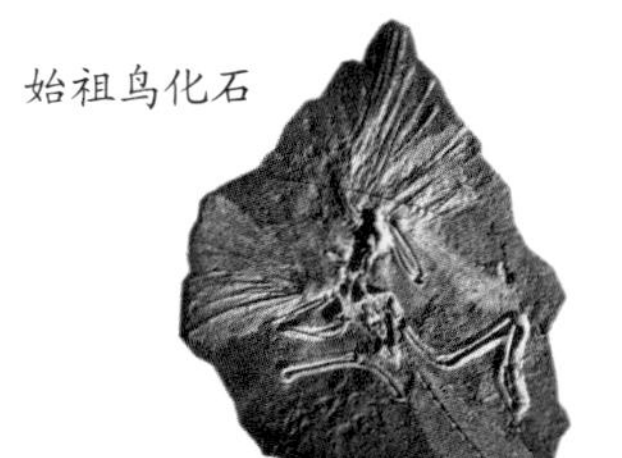

侏罗纪末期出现的始祖鸟，骨骼特点十分接近爬行类，但它的前肢已变成了翅膀，全身还披上了羽毛。这是鸟类是从爬行类演化而来的重要证据。

新生代

随着中生代的结束，爬行类动物如恐龙等都灭绝了，哺乳动物突飞猛进地演化为世界的主人，地球从此进入了新生代。新生代是哺乳动物繁盛的时代，也是鸟类兴起的时代。此时，高等的植物——被子植物开始布满大陆。新生代最伟大的奇迹是：在第四纪出现了人类。

植物化石

造煤时期

泥盆纪以前，大陆上赤地千里，荒漠无垠。在志留纪晚期，蕨类植物首先出现在陆地上。这些低等的蕨类植物很快就演化为高大的蕨类植物、有节植物、鳞木植物等。到了古生代晚期，全球各地都出现了大面积的森林。此时，也是地质历史上最著名的造煤时期，估计地球上70%以上的煤，都是由这一时期的植物形成的。

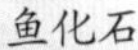

鱼化石

古生代的志留纪中期，有颌的鱼开始出现。到泥盆纪，鱼成为当时最高等、最普遍的动物。所以，泥盆纪也被称为“鱼类时代”。

古生代初期的寒武纪，海洋里到处是这类身长3～10厘米、带有硬壳的动物，古生物学家称它为三叶虫。到古生代末期，三叶虫灭绝了。

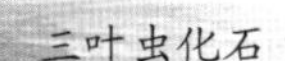

三叶虫化石

笔石化石

有一类生物叫笔石，它生活在寒武纪中期至石炭纪早期，大多数漂游在海面，身体只有几毫米至几厘米长。它的化石最初被发现时，像是写在岩石上的笔迹，笔石之称便由此而来。

化石

生物死后，它们的遗体被埋入地层。经过亿万年的演变，生物体内较硬的部分，如动物的贝甲、骨骼、牙齿，植物的树干、叶子、花粉等，在地层中矿物质的填充和交替作用下，变得像石头一样，我们把它称作化石。地质学家们通过对古生物化石的研究，不仅可以推断出生物当时的生存环境，还能了解它们之间的亲缘关系和进化过程。

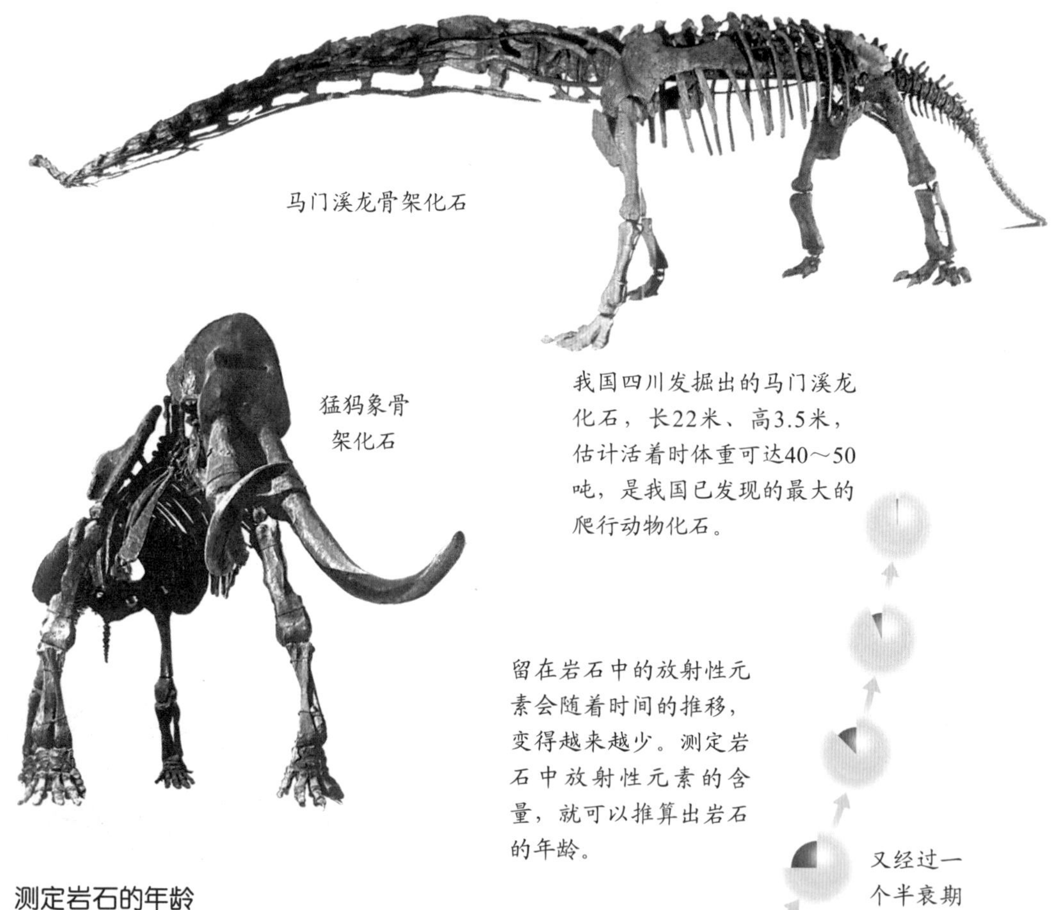

马门溪龙骨架化石

我国四川发掘出的马门溪龙化石，长22米、高3.5米，估计活着时体重可达40～50吨，是我国已发现的最大的爬行动物化石。

猛犸象骨架化石

留在岩石中的放射性元素会随着时间的推移，变得越来越少。测定岩石中放射性元素的含量，就可以推算出岩石的年龄。

测定岩石的年龄

大多数岩石在形成时，都含有微量的放射性元素。这些放射性元素会衰变为稳定的元素。一种放射性元素的衰变速率是恒定不变的，并且可以精确测得。科学家们根据岩石现有放射性元素的含量，就可以推算出岩石的年龄。

岩石形成时的放射性元素含量

一段时间以后，放射性元素减少了一半，这段时间称为半衰期。

又经过一个半衰期

恐龙时代

在距今2亿年至6500万年间，地球上曾轰轰烈烈地生活着一类奇异的大型爬行动物，它们主宰地球长达1亿3千多万年。这些大型动物，就是我们今天知道的恐龙。恐龙生活的时代，是地质年代的中生代，它包括三叠纪、侏罗纪和白垩纪三个时期。恐龙最早出现在三叠纪，到了侏罗纪和白垩纪，它已变成一个庞大的家族，分布在世界各地。

最早发现恐龙化石的英国医生曼特尔

发现恐龙

恐龙生活的时代，人类还远没有出现，人们是通过对恐龙化石的研究来认识恐龙的。最早发现恐龙化石的，是英国的一位叫曼特尔的乡村医生。1822年，这位医生与他夫人在出诊的路上，先后发现了不知名的古生物牙齿和骨骼的化石。后来，类似的化石又在加拿大、美国、澳大利亚、南美洲和中国陆续被发掘出来。古生物学家经过对这些化石的研究发现，这是人们从未见过的一类爬行动物，而且有些个头大得惊人。1842年，英国的古生物学家欧文给它们起了一个总的名称——恐龙。

R.欧文（1804～1892）

翼龙是恐龙的近亲

翼龙

始祖鸟大约生活在1.55亿~1.5亿年前的侏罗纪晚期，它有着鸟类和恐龙的特征，虽然叫始祖鸟，但不是鸟的始祖。

始祖鸟

恐龙之乡

中国是世界上发现恐龙化石最多的地区之一，恐龙化石遍布全国各地，被古生物学家誉为“恐龙之乡”。四川的马门溪龙、新疆的准噶尔龙，都是体长超过20米、体重达几十吨的巨龙。在河南的西峡，还发现了恐龙蛋化石群，数量达1万多枚。此前，世界上其他地方发现的恐龙蛋最多也只有500多枚，且大都是7000万年前的，而西峡的恐龙蛋却是1亿年前的，正处于恐龙繁衍兴盛的白垩纪。

侏罗纪时期的恐龙

侏罗纪是恐龙家族最兴盛的时期，丰富的食物让恐龙大量繁殖。种类繁多的食草类恐龙朝着体形高大的方向迅速进化，真正庞大的恐龙出现了。如梁龙、腕龙，身长达20～30米，体重达80～100吨。食肉类的恐龙也变得高大凶猛起来，并经常把平静的世界搅得不得安宁。

埃德蒙顿甲龙生活在白垩纪晚期，是草食性恐龙。

三角龙是角龙的一种。它的鼻子上有一只角，很像犀牛，眼睛上有两只角，又很像牛。这三只角是三角龙“打架”时的有力武器。

棘龙是最大的肉食性恐龙。它们身长16～19米，重16～26.5吨。

原角龙生蛋时往往是几只雌龙共用一个窝，大家轮流着一圈一圈地产蛋。

角龙生活在恐龙灭绝前夕的白垩纪晚期，它们因此也被称为“末代骄子”。

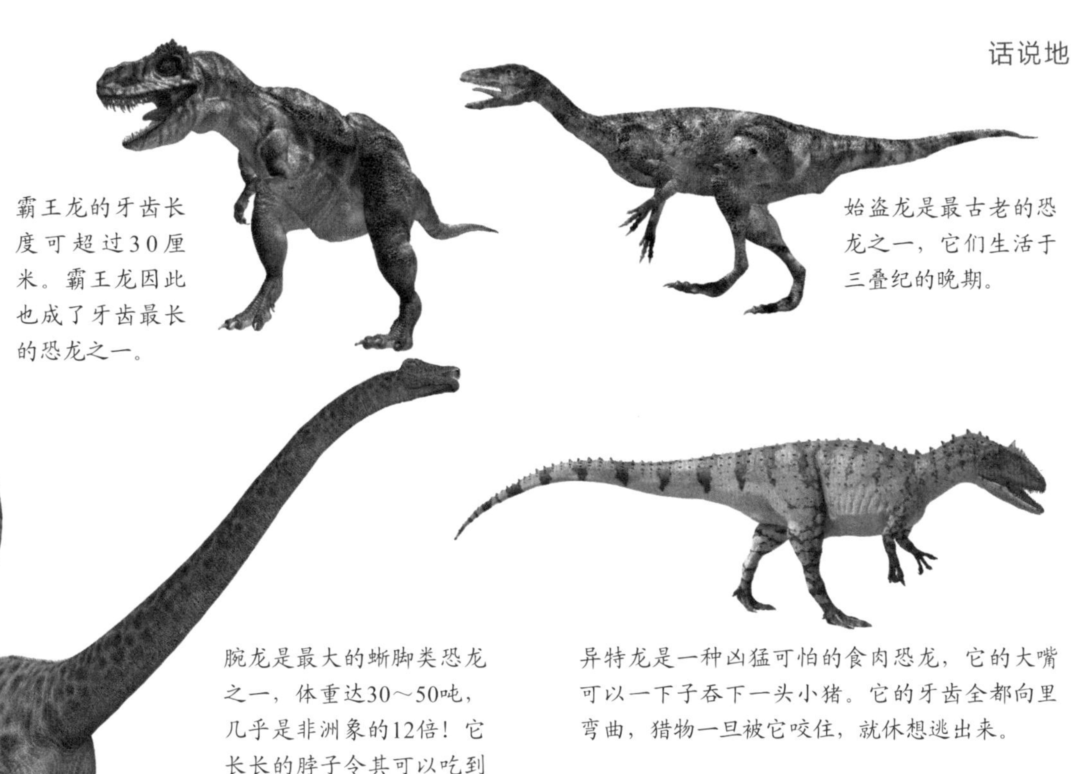

霸王龙的牙齿长度可超过30厘米。霸王龙因此也成了牙齿最长的恐龙之一。

始盗龙是最古老的恐龙之一，它们生活于三叠纪的晚期。

腕龙是最大的蜥脚类恐龙之一，体重达30～50吨，几乎是非洲象的12倍！它长长的脖子令其可以吃到高达15米的树上的叶子，这是长颈鹿能够到的树枝高度的近2倍。

异特龙是一种凶猛可怕的食肉恐龙，它的大嘴可以一下子吞下一头小猪。它的牙齿全都向里弯曲，猎物一旦被它咬住，就休想逃出来。

马门溪龙是属于蜥臀目的一种大型恐龙，生活在距今1.56亿～1.45亿年的侏罗纪晚期。

恐龙类群

恐龙是生活在陆地上的一类爬行动物，几乎所有的恐龙都有一条各具特色的长尾巴。但是它们不在地上匍匐行走，而是用脚支撑起身体走路。一部分恐龙还是温血动物，比现在的爬行动物更有活力，适应环境的能力更强。为了便于识别不同的恐龙种类，古生物学家按恐龙骨骼结构和生活习性，把恐龙分为两大类群：一类叫蜥臀目恐龙，它的臀部长得像蜥蜴的臀部；另一类叫鸟臀目恐龙，它的臀部长得像鸟的臀部。

异齿龙是属于鸟臀目的小型恐龙，生活在距今大约2亿～1.95亿年的侏罗纪早期。

恐龙的神秘消失

今天我们看不到恐龙鲜活的身影，只能看到它的化石骨架。从对这些化石的研究中我们知道，恐龙在白垩纪晚期突然神秘地消失了。同它们一起消失的还有活跃在古海洋中的鱼龙、蛇颈龙和飞翔在空中的翼龙。没有人知道恐龙灭绝的原因，科学家们关于恐龙灭绝的解释有几十种，比较集中的是“陨石撞击”说、“火山爆发”说和“气候变异”说。

漂移的大陆

地质学家们很早就注意到了，本来生活在海洋里的生物，它们的化石却出现在高高的山上；在南美洲和非洲之间隔着大洋，可在两大洲上，却出现了相近的古生物化石。是什么原因造成了这种现象呢？经过长达1个世纪的探索，现在人们终于知道了，原来地壳是会运动的，我们居住的大陆能够漂移。

A.L.魏格纳
（1880～1930）

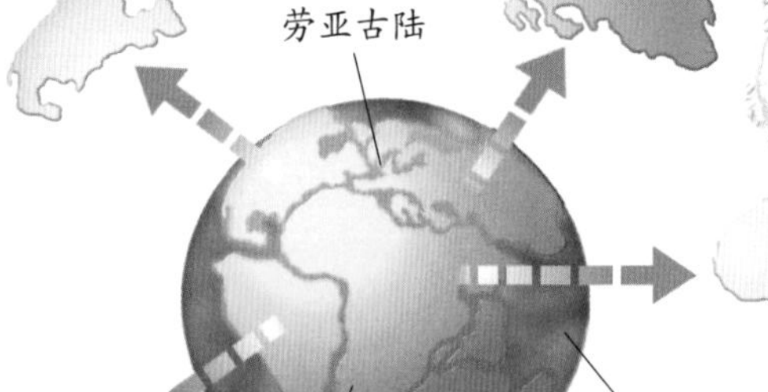

大陆漂移示意图

古生代晚期的联合古陆，分为冈瓦纳古陆和劳亚古陆两部分。两块大陆夹着的海，称特提斯海。

魏格纳的大胆设想

魏格纳是德国气象学家、地球物理学家。1905年获得柏林大学天文学博士学位。年轻的魏格纳在浏览世界地图时发现：大西洋东西两岸，南美洲巴西的凸出部分正好是非洲西海岸的凹陷部分，两边可以拼合起来。这引起了魏格纳的极大兴趣。他突发奇想：这几块大陆会不会曾经彼此相连，后来又像撕报纸那样，它们彼此逐渐分开了呢？为此魏格纳进行了长期的研究。1912年，他第一次提出了“大陆漂移”的伟大设想。

大陆漂移

1915年，魏格纳出版了《海陆的起源》一书。在这本书中，他系统地论证了“大陆漂移”的设想：在2亿多年以前，即地质年代的古生代晚期，地球上只有一块大陆，称联合古陆，又称泛大陆。从中生代起，联合古陆开始破裂。这些破裂的陆块像是浮在海上的轮船，向外漂移。漂移的过程一直持续到二三百万年以前，到达大致今天的位置。魏格纳的大陆漂移说提出后，遭到了当时许多人的反对。一些人认为，那么庞大的陆块，像船一样在地球上到处漂移，是无法想象的。

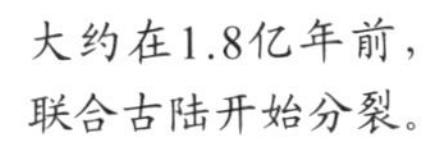

大约在1.8亿年前，联合古陆开始分裂。

1.35亿年前，大西洋已经张开。

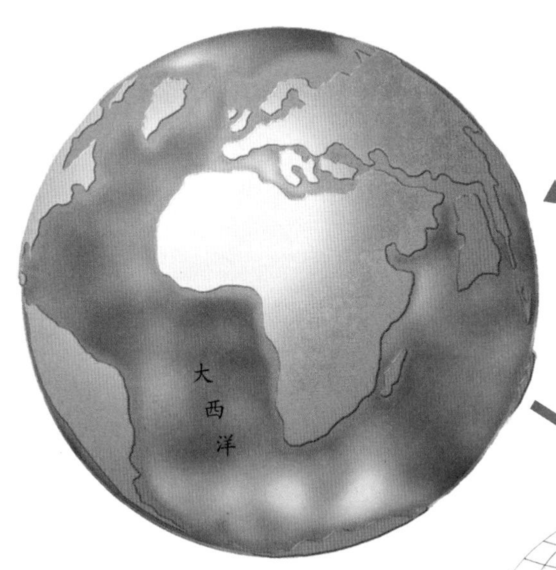

1000万年前，大西洋扩大了许多。地球上的几大洲初步形成。

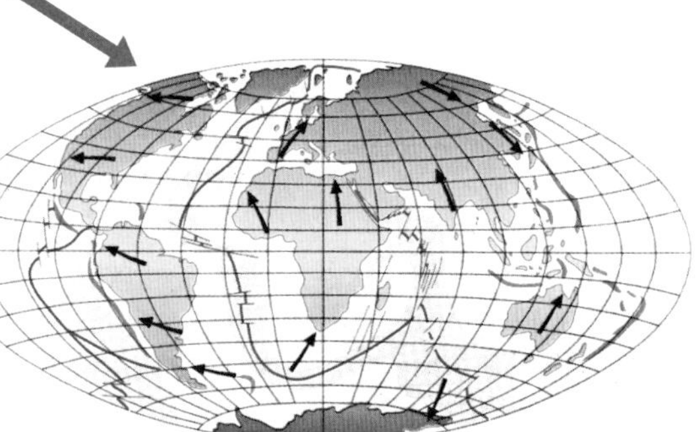

现今的地球

海底扩张

20世纪50年代，科学家们对海底地磁场进行了大规模的测量。通过对测量结果的研究，科学家们认为：不仅陆地在移动，海底也在不断地更新和扩张。大洋中脊地壳裂开，向两侧移动，同时地下岩浆涌出，填充在中脊裂谷底部，逐渐形成新的地壳。离大洋中脊越远，岩石年龄也就越老。大约不到2亿年，海底就要更新一次。人们把这种理论称为“海底扩张学说”。

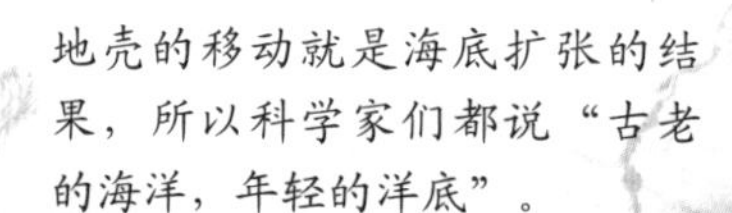

地壳的移动就是海底扩张的结果，所以科学家们都说“古老的海洋，年轻的洋底”。

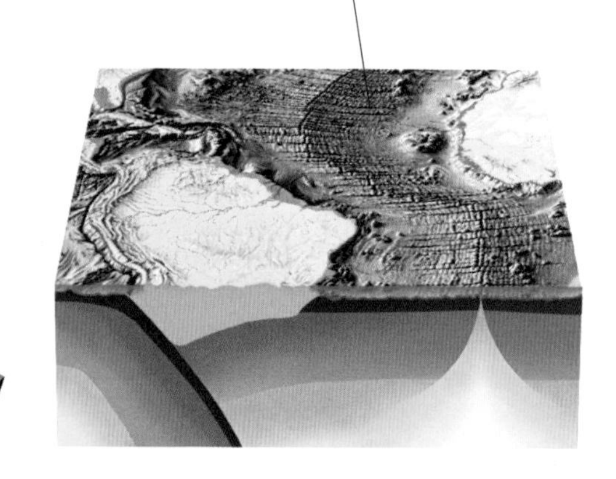

海底地壳的移动并不是一直持续下去的。当地壳移动到达大陆边缘时，海底地壳会遇到陆壳的阻挡，这时海壳便向下俯冲，深入地球的内部，于是在海壳与陆壳交接的地方，就形成了深深的海沟。

地幔物质运动使洋中脊裂开

地下岩浆喷出形成新的洋壳

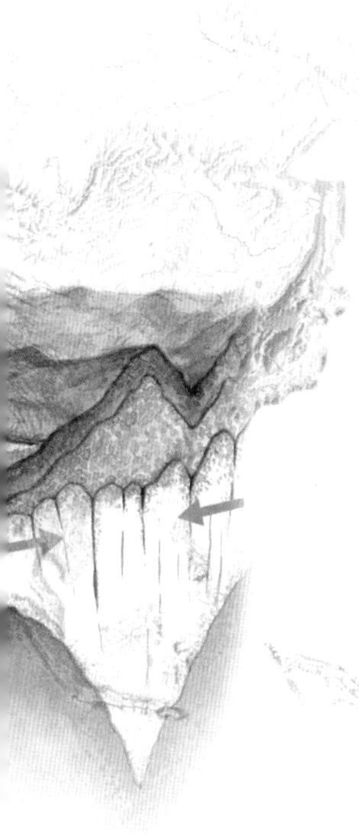

板块构造

20世纪70年代，科学家把早期提出的大陆漂移理论和这一时期提出的海底扩张理论结合为一体，形成了板块构造理论。这个理论认为，地壳是由若干个坚硬板块组成的，当板块运动时，自然也载着大陆向前漂移，大陆像“乘客”一样，乘在大洋板块上一同行进。板块可以在一个扩张轴的两边相互拉开，产生移动，也可以相互滑移产生运动，或是互相碰撞运动。当两个大陆板块产生碰撞时，它的前沿处发生翘曲，形成山脉。而大洋中的板块因密度较大，则插入大陆板块之下，形成海沟。

地球的六大板块在地球表面上彼此做相对、缓慢的运动，互相分离、衔接、碰撞、俯冲，最后形成今天地球的海陆分布大势。

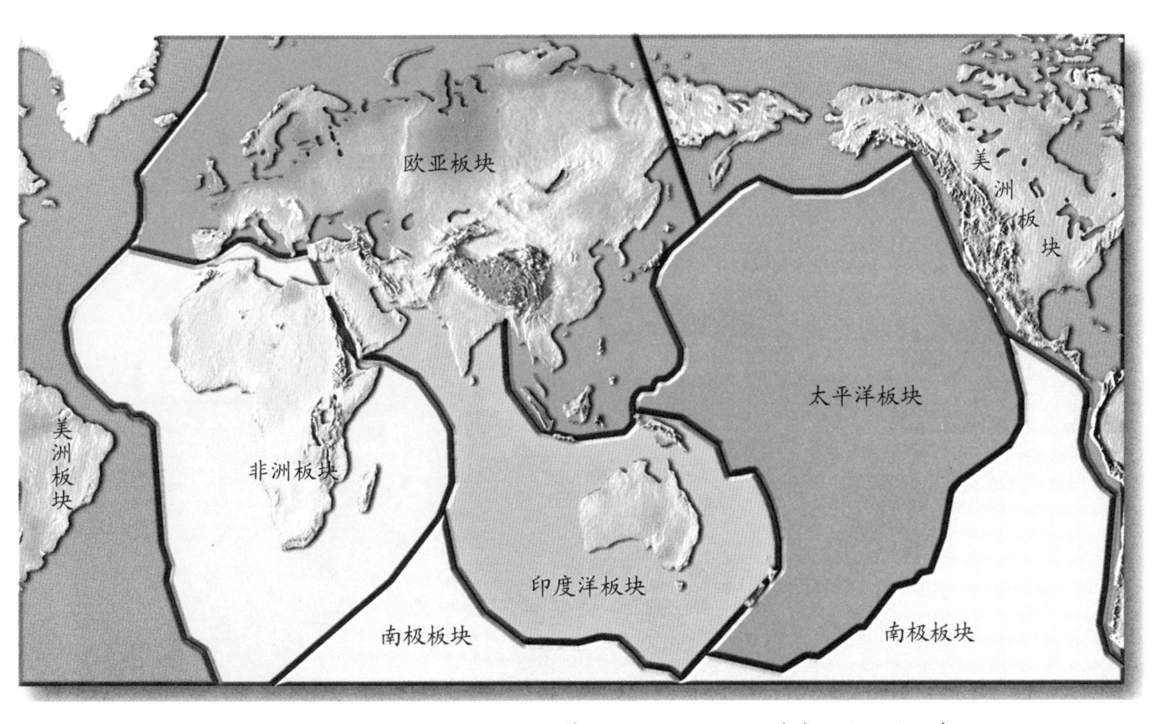

地球的岩石圈被海岭（洋中脊）、海沟等分割为六大块体，浮在炽热的地幔表面。

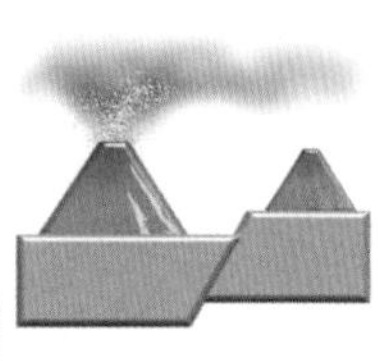

火山和地震

火山喷发和地震，都是地球上的一种自然现象。它们是由地球内部板块的相对运动造成的。因此，地球上地震和火山较多的地方，都位于板块的接触地带。在地球形成的早期，地震和火山喷发随处可见。经过几十亿年的演变，现在陆地上还能喷发的火山已经不多了，高震级的地震也不常发生。

火山的类型

地球上的火山可分成不同的类型。有的正在喷发或呈周期性、间歇性喷发，称为活火山。有的早已停止喷发，并且火山构造已被严重破坏，仅留存着早期喷发的遗迹，称为死火山。还有一类火山，形态完好，可能处于宁静期，暂不喷发，称为休眠火山。地球上现有活火山约500多座，其中有近70座位于海底。

火山

地球内部炽热的岩浆具有活动性。当地壳剧烈变动时，它就可能侵人岩层，猛烈地喷出地面，这就是我们看到的火山喷发。岩浆喷出时的温度达1000℃～1200℃。强烈的火山喷发，还伴有大量的浓烟、灰尘和碎屑喷出，在天空中形成高大蘑菇状发光云团。喷出的岩浆冷却后，形成岩石。这些岩石常保留有岩浆流动的形态。

汶川地震中被震毁的房屋

地震

地球表面的地壳，受到来自地球内部的压力，当压力不断增加，达到足够大时，地壳就会突然发生错动，瞬间释放出巨大的能量，引起大地的强烈震动，这就是地震。一个地区的地壳受力时间越长，受力越大，释放的能量也越大，从而产生的地震震级也就越大。

2008年5月12日，我国汶川地震震级高达8.0级。

地震的危害

地震是最为严重的自然灾害之一。大地震时，地面震动幅度有时可达数米，能在几分钟甚至几秒钟内使地貌改观，城市变成废墟，人员伤亡惨重。1976年，我国唐山地震使整个唐山市变成废墟，伤亡几十万人。地震还能引起山崩、地裂、水灾和火灾等。1906年，美国圣弗朗西斯科（旧金山）地震，引起了重大火灾，火灾所造成的损失比地震造成的损失大10倍。

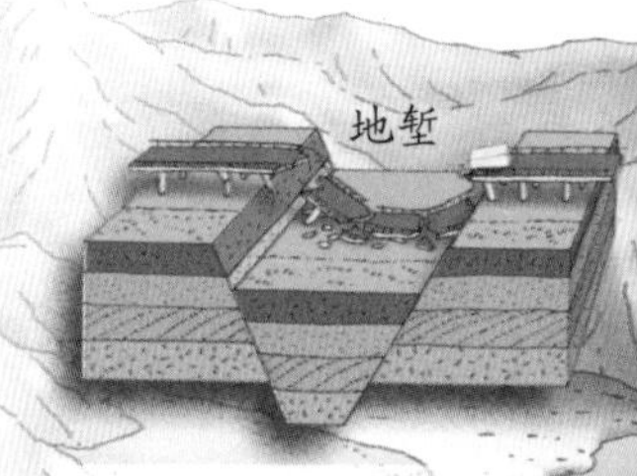

中间的岩块向下运动、两侧的岩块向上运动形成的断层，称为地堑。

中间的岩块向上运动、两侧的岩块向下运动形成的断层，称为地垒。

地垒

震级与烈度

地震震级表示地震本身的大小和等级，它与震源释放的能量有关。地震烈度表示地震时地面及建筑物受影响的强烈程度。

倒向滑道的震摆带动杠杆运动，打开龙头里的开关。

当某一方向发生地震时，震摆倒向这一方向的滑道。

仪器的中央立着一根震摆，四周有8条滑道，滑道上装着传动杠杆，龙头里的开关与杠杆相连。

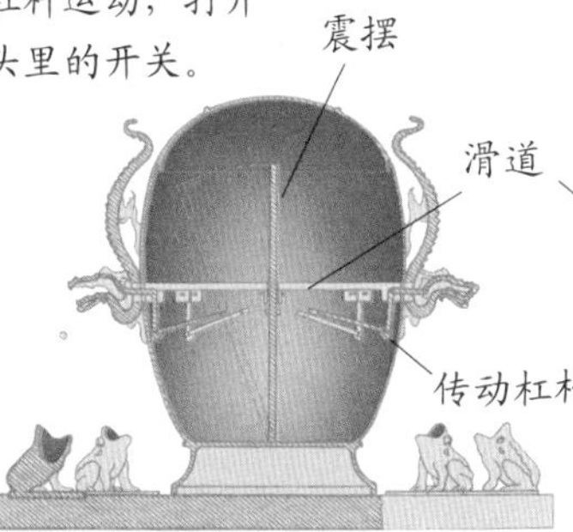

铜丸从龙嘴里吐出掉到蟾蜍嘴里

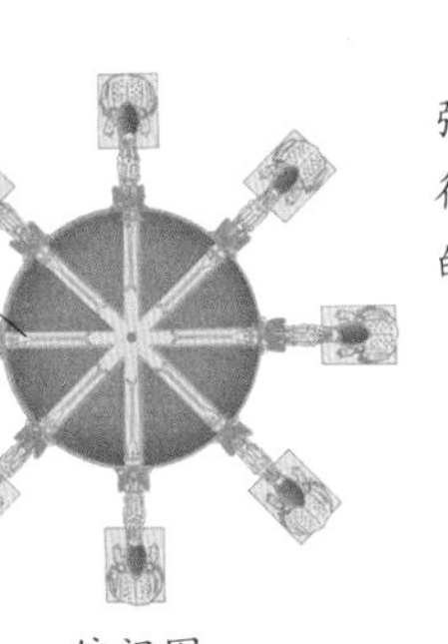
俯视图

张着嘴等待接铜丸的蟾蜍

候风地动仪复原模型

候风地动仪

古代人很早就开始对地震进行观测。我国东汉时期的科学家张衡于公元132年创制了一个观测地震的仪器，称候风地动仪。这台地动仪造型很独特，全部用青铜铸成。它罐状的主体高约2.7米，直径有1.9米。上面是可以启闭的圆盖，四周的8条垂龙分别代表8个方向，龙嘴里衔着铜丸。当某一个方向发生地震时，这个方向的龙嘴里的铜丸就掉入下边的蟾蜍嘴里。候风地动仪可以探测出震级为3级以上的地震。

平行断层

两个岩块平行错动形成的断层，称为平行断层。

岩石断裂后形成断层，地震与断层的关系十分密切。地球上巨大的断裂带常是地震的多发地带，如美国的圣安德烈斯断层、我国的郯城—庐江断层等。

陆地与海洋

地球表面分布着土黄色的陆地和蔚蓝色的海洋，浩瀚的海洋占据了地球表面积的71%。陆地分散在海洋中间，把广大的水面分成了4个相通的大洋，我们分别把它们称作太平洋、大西洋、印度洋和北冰洋。海洋在地球表面上的分布是不均匀的，北半球少，南半球多。因此，南半球也被称作“水半球”，北半球也被称作“陆半球”。

珊瑚礁岛

海洋

海洋分为洋、海和海峡。海洋的主体部分是洋，它远离大陆，占海洋总面积的89%，大多数水深在2000米以上。海是大洋的边缘部分，与陆地相连，面积、深度比大洋小得多。濒临大陆、以半岛或岛屿与大洋分开的海域，叫作边缘海；伸入大陆内部、仅有狭窄水道与大洋边缘海相通的海域，叫作内海；位于两个大陆之间的海叫作陆间海，也叫作地中海。两个出口连接海洋的狭窄水道叫海峡。

湛蓝的波罗的海

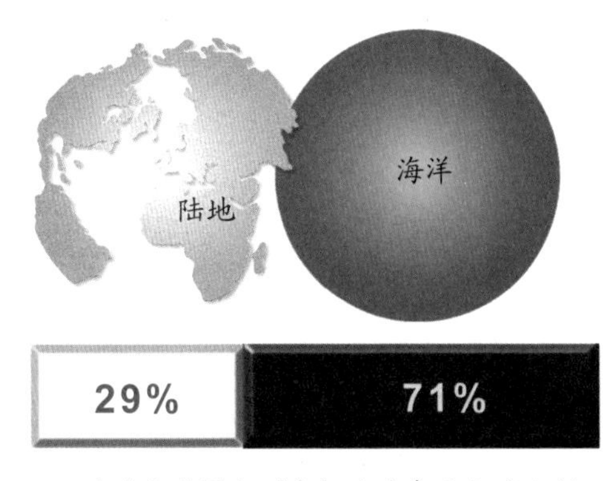

陆地和海洋分别占据地球表面积的比例

陆地

地球表面未被海水淹没的部分统称为陆地。全球有6块大陆，按面积大小依次为：亚欧大陆、非洲大陆、北美大陆、南美大陆、南极大陆和澳大利亚大陆。陆地平均海拔高度为875米。

北冰洋的面积为1475万平方千米，平均水深只有1225米，是世界上最小的大洋。

岛屿

岛屿是四面环水、面积比较小的陆地，一般把面积较大的称作岛，面积较小的称作屿。例如，我国的台湾岛和厦门的鼓浪屿。世界上第一大岛是格陵兰岛，它的面积是217万平方千米。在海洋中，还可以看到许多的岛屿聚集在一起的景象，我们称它为群岛，例如我国的西沙群岛、南沙群岛。

海与陆地交界的地带称作海岸，世界上常见的海岸有岩岸、沙岸、淤泥质海岸、三角洲海岸、珊瑚礁海岸和红树林海岸等。

格陵兰岛风光

从北极俯视北半球

南半球为“水半球”

在南半球，海洋占其总面积的81%。如果从南极上方俯视南半球，海洋占据了绝大部分，所以南半球是名副其实的“水半球”。

北半球为“陆半球”

在北半球，陆地占总面积的39%。如果从北极上方俯视北半球，地球上的陆地均集中在北半球上，所以北半球是名副其实的“陆半球”。

从南极俯视南半球

北冰洋

北冰洋位于北极圈内，它的名字源于希腊语，意思是正对大熊星座的海洋。1650年，德国地理学家瓦伦纽斯率领探险队进行北极探险，他首先把这一冰天雪地的海域划为一个独立的海洋，称之为大北洋。此后，人们对这个海域有了较全面的认识，便把它定名为北冰洋。北冰洋上岛屿众多，海面和岛屿都被一层厚厚的冰覆盖着。

北冰洋上的浮冰和浮冰上的北极熊

太平洋

太平洋位于亚洲、大洋洲、南美洲、北美洲、南极洲之间。1521年3月，麦哲伦环球航行经过太平洋时，恰巧没有遇到风暴，且东南信风稳定地吹拂，使他们一帆风顺地到达了亚洲东南部。因此，他们给这个大洋定名为太平洋。其实太平洋并不太平，经常有台风、恶浪兴起。

澳大利亚的大堡礁被誉为“太平洋上的翡翠”

印度洋

印度洋在亚洲、非洲、大洋洲和南极洲之间，全部水域都在东半球，因位于亚洲印度半岛南面，所以得名印度洋。它大部分地区在热带，因此也被称为“热带海洋”。印度洋上的热带风暴较多，常造成巨大灾难。印度洋西北部的波斯湾地区，是世界石油储量最丰富的地区。

沙海岸

印度洋上的岛国马尔代夫是著名的旅游胜地

大西洋

大西洋位于南美洲、北美洲、欧洲、非洲和南极洲之间，是世界第二大洋。“大西洋”来源于希腊语“阿特拉斯”。在希腊神话中，传说擎天巨神阿特拉斯住在极远的西边。于是，人们看到无边无涯的大西洋时，便认为它是阿特拉斯栖身的地方，把它称为阿特拉斯之海，拉丁语称为西方大洋，我们把它译作大西洋。大西洋周围几乎都是世界上各大洲最为发达的国家和地区，因此与它有关的航海业、海底采矿业、渔业、海上航运等非常发达。

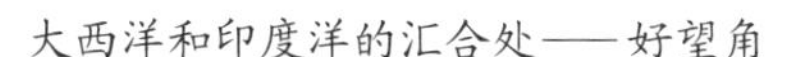

大西洋和印度洋的汇合处——好望角

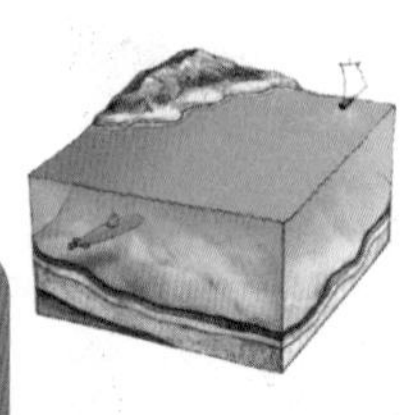

海洋地貌

关于海洋的底部是什么样的，早期人们曾有过种种猜想。有人认为，海洋是与地心相通的“无底洞”；有人猜想，海底是个非常大的“平坦锅底”。但是，后来人们发现，海底和陆地一样，有巨大的山脉，有深深的海沟，有深海大平原，还有丘陵和火山。

发现大西洋中脊

19世纪70年代，英国科学考察船“挑战者”号，在进行为期4年的环球科学考察时，发现北大西洋中部洋底是一块高地。后来，人们经过进一步调查发现，大西洋的中部有一条南北走向的巨型山脉，由于它的形状像人体的脊椎，于是就称这条海底山脉为大西洋中脊。此后，人们在印度洋、北冰洋、太平洋都发现了类似的海底巨型山脉。到20世纪中叶，科学家们才完全弄清了世界各大洋洋底山脉的具体走向。

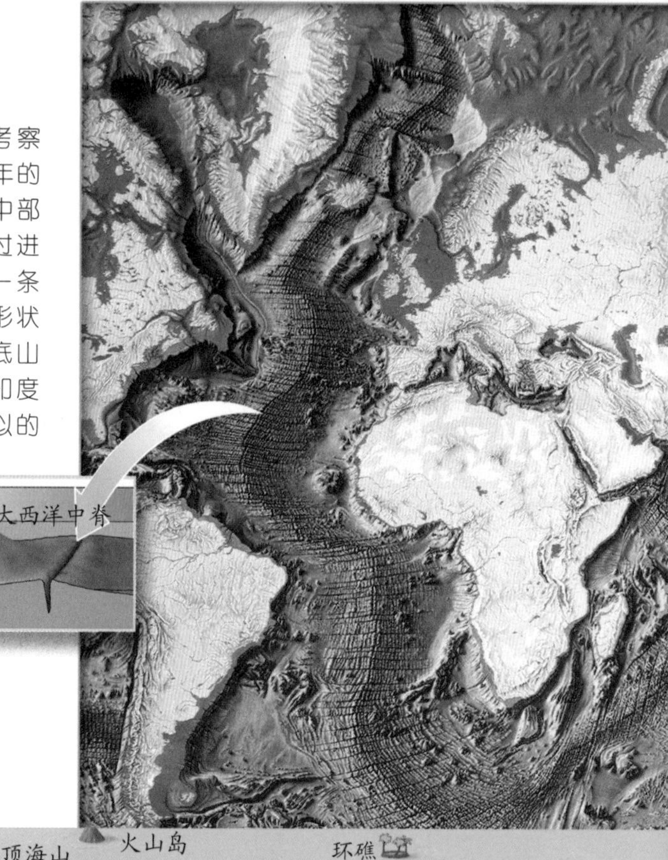

大西洋中脊的脊部发育着一条深陷的裂谷，宽有15～50千米，深约2000米，它是火山活动、熔岩外溢、新洋壳诞生的地方。

地球上最长的山脉——洋中脊

在世界大洋洋底，有一条总长度达8万千米的巨型山脉。这条巨型山脉占去洋底绝大部分面积。由于大西洋洋底山脉正好位于大西洋的中部，因此地质学家称它为洋中脊。太平洋的洋底山脉明显偏于东侧，人们叫它东太平洋洋隆。而印度洋、北冰洋的洋底山脉也位于中部，所以也叫它洋中脊。

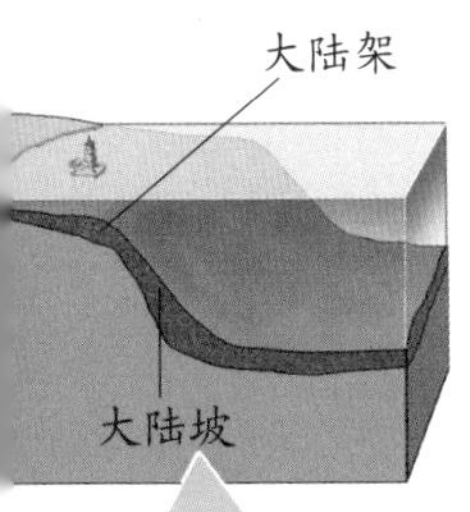

大陆架

大陆架是大陆的边缘部分。如果说海洋是一个大澡盆，那么大陆架就像盆边的上沿。大陆架在海水中会延伸很长一段距离。到水深183米等深线的地方，海底突然变得十分陡峭，就好像下了一个台阶一样，这时大陆架就变成了大陆坡。可以说，大陆架是陆地和海洋“握手”的地方。

大陆坡

大陆坡紧挨着大陆架伸向大洋的一侧。大陆坡的水深从200米很快上升到2000～3000米，形成一道巨大陡峭的斜坡。这里可能是地球上最大的斜坡。

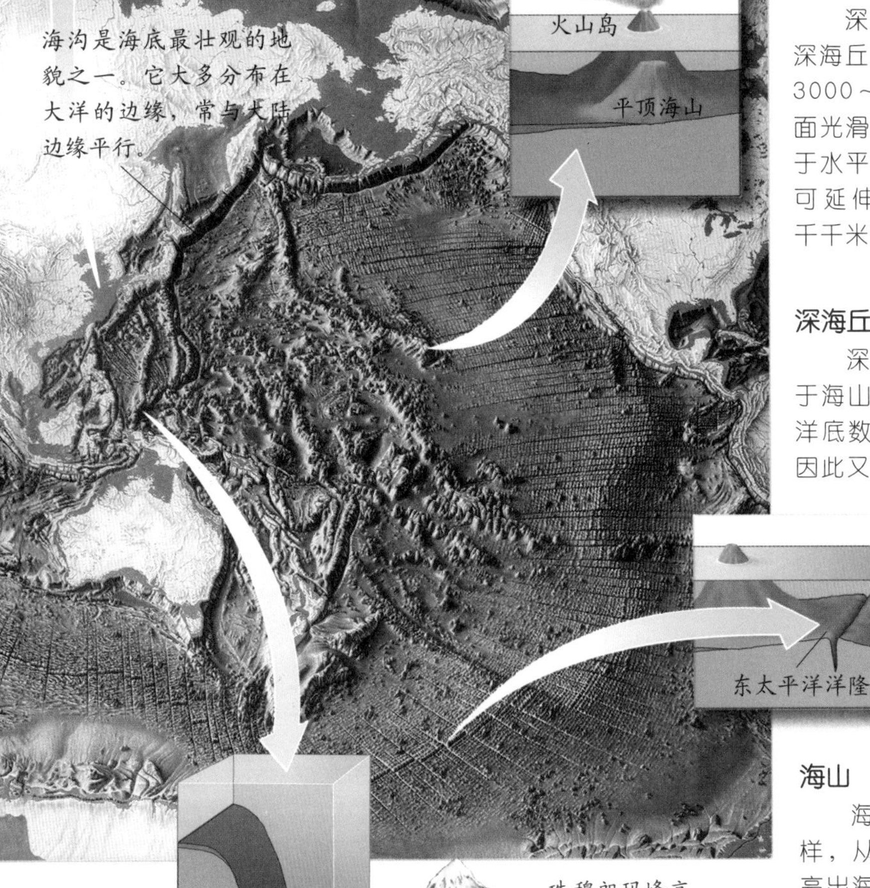

深海平原

深海平原一般在深海丘陵附近，水深在3000～6000米。它表面光滑而平整，几乎近于水平状，面积较大，可延伸数百千米至数千千米。

深海丘陵

深海丘陵的高度小于海山，一般高出周围洋底数十米至数百米，因此又称海丘。

海山

海山像陆地的山一样，从海底隆起，一般高出海底至少1000米。海山有尖顶的，也有平顶的。大部分海山都是海底的火山锥，并且像火山那样，在其顶部有个环形口。据统计，世界大洋中可能有2万座海山。

海沟

海沟是海洋板块与大陆板块相互作用的结果。目前海底发现的海沟有24条，水深超过1万米的有6条，都在环太平洋地区。

深海沟

珠穆朗玛峰高8844.43米

马里亚纳海沟是世界上最深的海沟

深11034米

平原

我们居住的地球，表面积为5.1亿平方千米，分成海洋和陆地两个最大的地理单元。在陆地上，地表低于海拔200米的那部分土地，我们叫它平原。平原主要分布在大河两岸和海滨地区。平原地区地势低平，土地肥沃，人口密集，经济发达。世界上大部分人口都分布在平原上。

平原上的交通网

平原地势平坦，便于修筑道路和开挖运河，有发达的道路网络和水道系统。因此，平原地区不仅农业发达，交通也很发达。便利的交通又加快了客运和货运的速度，从而极大地促进了平原地区的经济发展。

高速公路是城市之间便捷的通道

平原上的农田

平原地区有大片的农田，种植着各种粮食、蔬菜、水果，农业十分发达。在气候条件适宜的情况下，平原地区土地生产率很高。平原上很少有闲置的土地，到处是绿油油的庄稼，纵横交错的水渠，还有一座接一座的村庄。我国著名的平原有东北平原、华北平原和长江中下游平原，这些地方都是重要的粮食生产基地。

平原地区是粮食的主产区

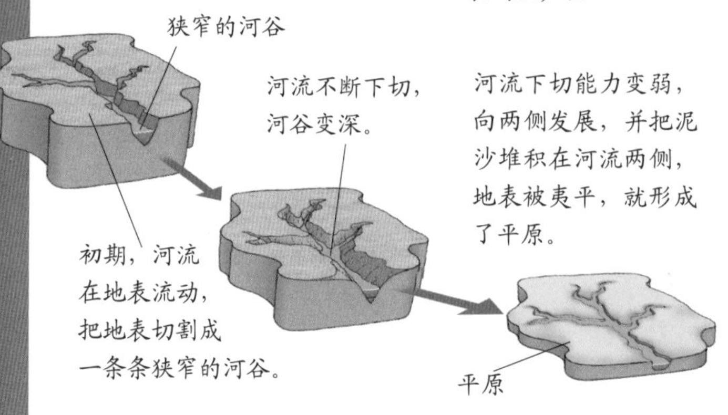

平原的形成过程示意图

平原的形成

世界上几乎所有的大平原都是河流冲积的产物。大约在1亿年前，现在的亚马孙河河口地区还是一片海湾。后来，随着亚马孙河源头——安第斯山脉的不断抬升，河水对地表的侵蚀作用不断加剧，大量的泥沙随河水流下来，为亚马孙河口地区提供了丰富的沉积物。日积月累，凹地被填平了，大约在7000万年前，广袤的亚马孙平原就诞生了。

坐落在平原上的大城市

平原聚落

聚落是指地球上人口聚居的地方，规模较小的聚落叫乡村，规模较大的聚落叫城镇。世界上几乎所有百万人口以上的特大工商城市，都分布在平原上，如中国的北京、上海，美国的纽约，俄罗斯的莫斯科，埃及的开罗等。平原上便利的交通与发达的农业，是促进城市形成和发展的基础。

科学技术的进步，促进了世界工业的飞速发展，也使得大工业城市在平原上迅速崛起。

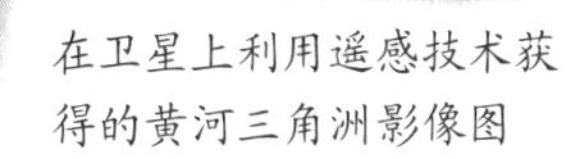

在卫星上利用遥感技术获得的黄河三角洲影像图

河流入海口附近，常有面积很大的三角洲平原，它是河流流进大海以前携带的泥沙在入海口处堆积形成的。

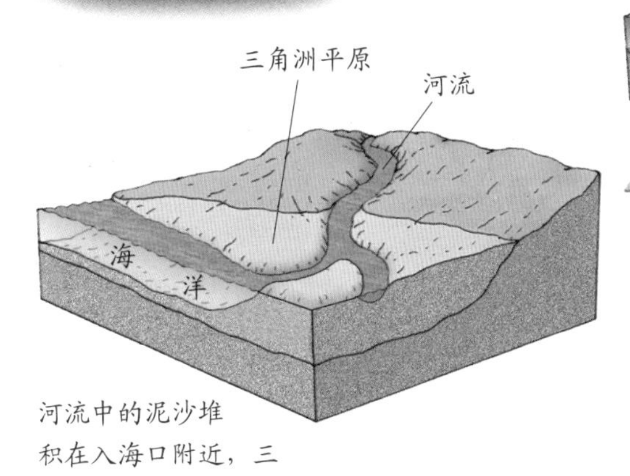

河流中的泥沙堆积在入海口附近，三角洲不断向大海延伸。

三角洲平原

河流在入海口处，往往汊流很多，形状很像三角形，称作三角洲。三角洲都是高出海平面一两米的低平原。世界上大部分入海河流，都会形成一个三角洲平原。有的三角洲平原面积很大，比如我国的黄河三角洲。

山地

山地是陆地上的一种隆起地貌。它具有较大的高度和坡度，一般在海拔500米以上。山地也是地球上最壮丽的自然景观之一。那里峰岭连绵，沟谷纵横，自然环境多姿多彩。

丘陵、低山与高山三者之和，所占面积超过地球陆地总面积的3/4。可见，地球的陆地表面是很不平坦的。

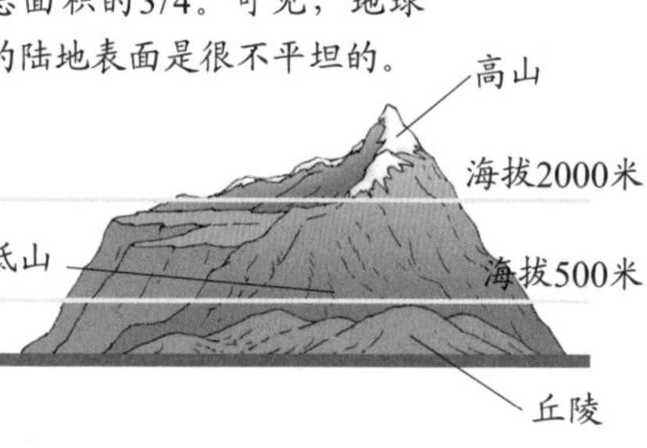

山脉和山系

在地球表面上，成群成片的山构成了山地，具有明显走向的长条状山地，称作山脉。山脉往往排列有序，脉络分明，素有“大地骨架”之称。几条走向大致相同的山脉排列在一起，就合成了一个山系。世界上著名的山脉有亚洲的喜马拉雅山脉、欧洲的阿尔卑斯山脉、北美洲的科迪勒拉山脉，还有南美洲的安第斯山脉等。

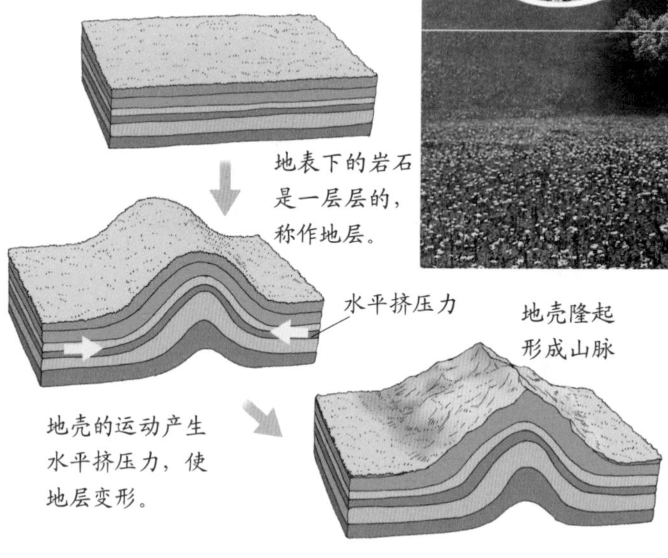

山地的形成

地球上的山地，绝大部分为地壳抬升形成的，只有部分山峰是由于火山喷发形成的。使地壳抬升的作用力，来自地壳水平相对运动形成的内力。

生长在雪线附近的雪莲花

喜马拉雅山的垂直地带性

喜马拉雅山脉的山地垂直地带性非常明显。山脚下属于热带、亚热带气候，生长着常绿的阔叶林；2000～3000米高处，为温带气候，生长着针叶、阔叶混交林；3000～4000米高处，为寒带气候，生长着针叶林；4000～5000米高处，为高山苔原区；5000米以上的地带，就是终年积雪了。

修建在山地上的梯田

梯田

山地地形崎岖，土地贫瘠，土壤层薄，可以种植农作物的平坦土地十分珍贵。住在山区的居民，在山坡上沿着等高线垒成一道道石堤，堤内回填细土，可以种植农作物。这样，沿着山的坡向，就形成一层高过一层的带状平地，这种平地称作梯田。修筑梯田是人类在长期与山地打交道的过程中总结出来的一种有效利用土地的方式。

山区坡陡、谷深、交通闭塞

山地垂直地带性

在海拔2000米以上的高山上，气候、土壤、植被等都会随着高度的变化而发生变化，这种现象称作山地垂直地带性。产生这种现象的直接原因是气温随着海拔高度的增加而降低，大致每上升1000米，气温便会降低6℃左右。如果海拔比较高的山位于赤道附近，从山脚到山顶，就会形成近似从赤道到极地的动植物种类变化。

在山区行驶的火车，要穿越很多的隧道。

闭塞的交通

在山区，行路难。山区修路要建造大量的桥梁和隧道，工程量大、投资高，因而大大限制了公路、铁路的建设。山区的河流由于地势险峻，通航性也差。

黄土高原

中国的黄土高原，是世界上独一无二的地形区，它主要分布在陕西秦岭以北、山西全境、甘肃东部，以及相邻的河南、河北、内蒙古、宁夏的部分地区，总面积约为40万平方千米。这里地表到处被厚厚的黄土覆盖着，平均厚度三四十米，最大厚度超过200米。

长期的流水侵蚀，使黄土高原地形破碎，千沟万壑。黄土高原上的河流大都含有大量泥沙，黄河就是最典型的代表。

黄土高原

破碎的黄土高原

黄土高原上的黄土，是一种黄褐色的、质地细腻、没有明显层次的土。这种土干时比较坚硬，可是一遇水就会变软，甚至会变成稠稠的泥汤顺坡流下。黄土高原地面坡度较大，植被稀疏，夏季又多暴雨，所以流水对黄土高原的侵蚀作用特别强烈。地面上只要出现一条细沟，在雨季就会很快加深、扩展，最后发展成沟壑。流水不断切割肢解着黄土高原，把大量的泥沙带到下游。

黄土塬地面平坦，有大片的农田，是黄土高原上较为富庶的地区。可惜，黄土高原上的黄土塬已经不多了。

黄土高原上的塬、墚、峁

独特的自然环境，造就了黄土高原上独特的黄土地形——塬、墚、峁。塬是黄土高原上良好的耕作地区，它的四周虽然被流水强烈地切割，但顶面广阔，地表比较平缓，保持着原始平坦的地表面。顶面比较狭窄、平缓，两边被沟谷切割得很破碎的长条状高地，称作墚。它是黄土塬被流水侵蚀后发展而成的。黄土墚再进一步被冲刷，就会被分割成彼此孤立的黄土丘，这就是峁。住在黄土地上的人们，为了充分利用土地，在黄土峁上修建了梯田，种植庄稼。

陕北安塞腰鼓舞

黄土窑洞

生活在黄土高原上的居民有住窑洞的习惯。窑洞大多建在黄土沟的边沿处，由黄土层向里挖掘一定的深度，形成一个圆拱形的土洞，洞里再抹上白灰，洞口安装上门窗。窑洞巧妙地利用了黄土高原上独特的地形，因地制宜，冬暖夏凉。

窑洞大多建在黄土沟的边沿处，冬暖夏凉。它是黄土高原居民的一大创造。

民风纯朴的黄土高原人

黄土高原是我国黄河文明的发源地，几千年来，炎黄子孙在这片土地上生活、繁衍，形成了黄土高原独具特色的勤劳淳朴的民风。黄土高原上的人，有着自己独特的民俗风格，他们喜欢唱高亢的信天游，跳红红火火的腰鼓舞。

贫瘠的黄土高原

黄土高原地处半干旱气候带，年降水量只有400～500毫米，有的地区不足300毫米。如遇旱年，年降水量可能只有200～300毫米，这时就会出现水荒，不仅地里庄稼颗粒无收，连人畜饮水也会出现困难。因此，黄土高原不少地区都很贫穷。

黄土高原的水土流失

黄土高原是我国水土流失最为严重的地区。历史上的黄土高原曾为典型的森林草原区，地面上长着丰美的禾草，在条件较好的地方有大片的森林。那时，黄土高原的地表并不像今天这样支离破碎，百孔千疮。可是由于人类长时间的开垦和砍伐，丰美的草场和茂密的森林早已不见了。

治理黄土高原

黄土高原生态环境的好坏，不但影响当地人的生活，同时也关系到黄河泥沙的多少和黄河的安危。治理黄土高原的根本途径，是通过工程措施和生物措施，最大限度地控制水土流失，让黄土高原得以休养生息，长出茂盛的青草和森林。

盆地

陆地上地势比较平坦、四周被群山环绕的封闭式盆状区域，称作盆地。地球上的盆地有大有小，一些小的盆地如山间盆地，只有几平方千米到几十平方千米；而较大的盆地，如我国的塔里木盆地，比东部一个省还要大。有的盆地海拔高达一两千米，有的盆地可能在海平面以下。中国最低的盆地——吐鲁番盆地，其最低点位于海平面以下154米。

山间盆地

山间盆地是山区最常见的面积较小的盆地，面积从几平方千米到几十平方千米不等。虽然面积不大，山间盆地往往却是山区经济最发达的地区，这与其平坦的地表和较丰富的水利资源有关。在我国西南的云贵高原上，这种小盆地十分常见，当地人称之为“坝”或“坝子”。人们在坝子上建造村镇，开垦良田，世代生息在这里。

山间盆地是山区常见的小地形区，方圆几十千米。这里地势平坦，水利资源丰富，经济也比较发达。

外流盆地内的河流，可以通过出口流到外面，直通大海。

外流盆地

有些盆地不像一个完整的圆盆，而是在“盆边”上留有缺口，有河流从中穿过，直通大海。这样的盆地，我们叫它外流盆地。外流盆地水源充足，地势平坦，土地肥沃，是人类生产生活的好地方。世界上许多大城市就坐落在这样的盆地中，如法国的首都巴黎、英国的首都伦敦。我国的四川盆地也是外流盆地，长江从四川盆地穿过，向东注入东海。

内流盆地

如果盆地的周围地势比较高，河流只能进入盆地，不能流出盆地，这种盆地我们叫它内流盆地。内流盆地大多深居内陆地区，干旱少雨，但矿产丰富。我国青海的柴达木盆地、新疆的塔里木盆地，就是这样的内流盆地。

内流盆地中的河流没有出口，河水聚集在盆地中。

富饶的盆地

河流既给盆地带来大量泥沙，也带来大量有用矿物和有机质。这些物质堆积在盆地里，天长日久就形成了丰富的矿产，比如煤炭、石油、天然气和各种盐类。所以，盆地是世界上矿产资源最丰富的地区之一。我国著名的四大盆地是塔里木盆地、准噶尔盆地、柴达木盆地和四川盆地。

从卫星拍摄的四川盆地照片上，我们可以看到，盆地四周群山环绕，西部的横断山上白雪皑皑。

在盆地里钻井勘探矿物

富饶的四川盆地

四川盆地中的农作物

盆地中发达的农业

通常，盆地地表都比较平坦，土层深厚，又有较丰富的水利资源，对于发展农业有得天独厚的条件。我国的四川盆地有一片片肥沃的平原。这里有良好的灌溉条件，农业发达，盛产稻米、蚕豆、油菜、蚕丝，周围的山地还盛产桐油、柑橘和中药材。所以，四川盆地自古就有“天府之国”的称号。

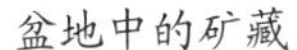

盆地中的矿藏

“聚宝盆”柴达木

柴达木盆地在我国青藏高原的东北部，平均海拔在2000米左右，是一个海拔较高的盆地。在地质历史某一时期，柴达木曾经被巨大的湖泊占据着。后来，由于气候变得干燥等原因，柴达木盆地里的湖泊面积不断缩小，最后大部分消失了，留下一大片含盐沼泽和众多的盐湖。“柴达木”在蒙古语中就是“盐泽”的意思。柴达木盐湖里储藏着丰富的食盐、芒硝和钾盐，所以柴达木盆地有中国的“聚宝盆”之称。

柴达木盆地中的察尔汗盐湖

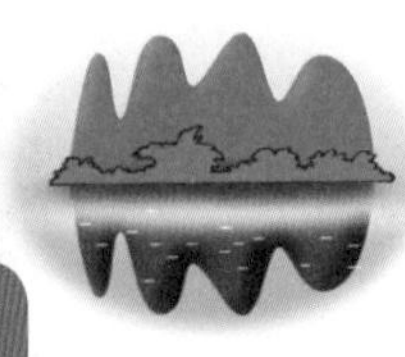

岩溶地貌

自然界中的石灰岩，是遥远的地质年代里深海的沉积物。当它受到雨水或地下水长年累月的冲蚀后，岩层会被溶蚀破坏，这种侵蚀破坏作用称作岩溶。岩溶的结果，在地表、地下形成了不同的岩溶地貌形态，非常壮观。最典型的有石林、峰林、溶洞、地下河等。由于这种地貌最早是在亚得里亚海边的喀斯特地区被发现的，科学家们便把它称作“喀斯特”。我国广西、云南等地，石灰岩分布广泛，岩溶地貌也最为典型，形成了世界闻名的风景区。

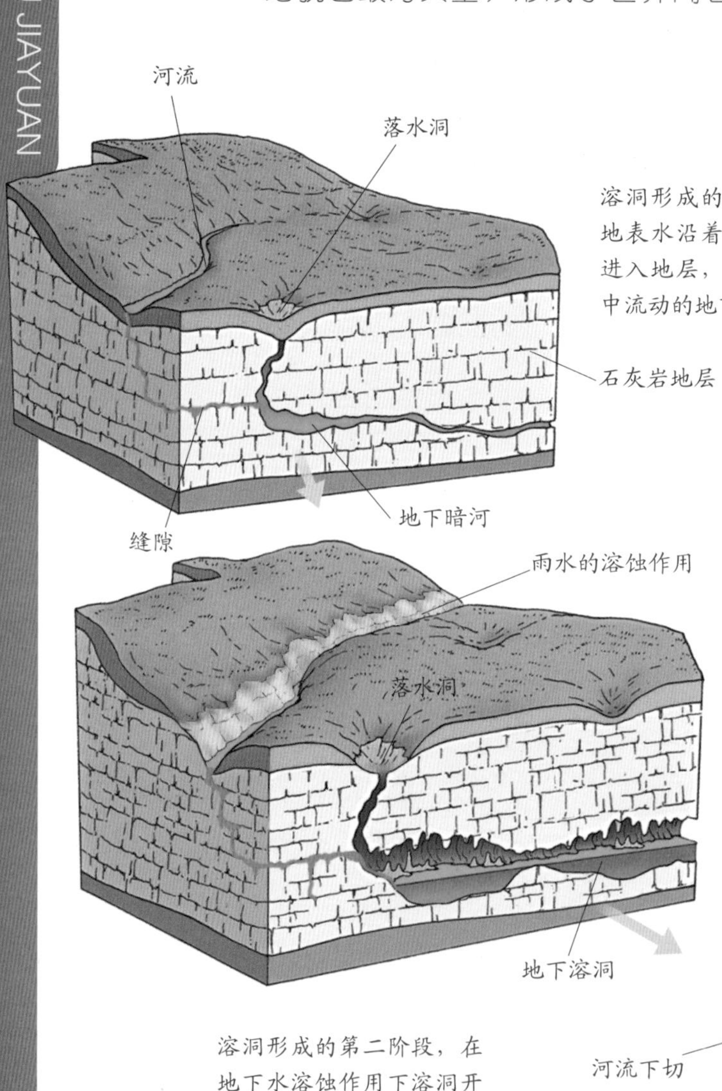

溶洞形成的第一阶段，地表水沿着石灰岩裂隙进入地层，形成在地层中流动的地下暗河。

溶洞形成的第二阶段，在地下水溶蚀作用下溶洞开始形成，并不断扩大。

溶洞形成的第三阶段，地下暗河消失，洞中开始生成石钟乳等碳酸钙堆积物。

壮观的石林

在高温多雨的热带气候条件下，由于雨水的溶蚀作用，层厚质纯的石灰岩地表上，就会形成崎岖不平、怪石嶙峋的岩溶地貌。石柱、石峰之间有很深的溶沟，相对高度一般在20米左右，高者可达50米。远远望去，岩柱如古木参天，峻峭挺拔，郁郁葱葱，所以称石林。我国最典型的石林是云南昆明市东南的路南石林，广为人知的“阿诗玛”的故事，就流传在这里。

路南石林中的这座巨石被称作“阿诗玛”

岩溶地貌发育的初级阶段，雨水对石灰岩溶蚀作用还比较弱，只有岩石表面形成尖尖的石芽。

地下溶蚀作用

在高温多雨、植物茂盛的热带地区，雨水中一般含有很多的二氧化碳，二氧化碳在水中又会形成碳酸。当这种雨水通过缝隙流入石灰岩地层时，对石灰岩将产生强烈的溶蚀作用。因为石灰岩的构成物是碳酸钙，碳酸钙与水中的碳酸发生反应生成碳酸氢钙。碳酸氢钙能够溶解在水中，被流水带走。天长日久石灰岩的缝隙不断扩大，最后就会在地下形成溶洞。

桂林岩溶地貌

桂林的岩溶景观

我国广西地处低纬度地区，那里一年四季温暖多雨，植物茂盛。在含有二氧化碳的流水长期作用下，广西的岩溶地貌形成了峰丛、峰林、孤峰、溶沟等地表形态，还发育了暗河、溶洞、石钟乳、石笋、石柱、石幔、石花等地下形态，它们共同构成了典型的岩溶世界。

碳酸钙沉积形成宝塔状的石笋

漂亮的溶洞沉积物

当饱含碳酸氢钙的岩层水流进溶洞后，因为环境条件与岩层有了明显不同，碳酸氢钙就又分解为不溶于水的碳酸钙，在溶洞中沉积下来。溶洞中不同部位出现的漂亮的石笋、石柱、石花、石幔，就是碳酸钙常年沉积的杰作。

在溶洞中流淌的暗河

通天的石柱

神奇的溶洞世界

岩溶地区的地下水，沿着岩层的层面或裂隙进行溶蚀和机械侵蚀，慢慢地就形成了溶洞。当地壳上升，地下水面下降时，溶洞就会露出水面，甚至上升至山的高处。溶洞大小不一，洞底起伏很大。走进洞内，就像走进了一个光怪陆离的世界。洞的四壁怪石嶙峋，有漂亮的石花、石钟乳、石幔，还有各种各样的石笋。

石笋

沿溶洞四壁形成的类似幔帐形状的石灰岩堆积物，称石幔，它的形态与陆地上的冰瀑布差不多。

美丽的石花

荒漠

荒漠在地球的干旱地区最常见到，不论在热带或者温带都有广泛的分布。荒漠终年干旱少雨，风沙频繁，地表水贫乏，植被稀少，是大片的不毛之地。所有的荒漠还有一个共同的特征，就是气温变化剧烈，白天灼热，夜晚寒冷。因此，荒漠地区一般人迹罕至。

从高处俯视沙漠，起伏的沙丘就像大海的波涛一样，一眼望不到边。

荒漠中的骆驼

荒漠中生活着不少动物，这些动物都有一种忍受炎热干旱环境的特殊本领。在亚洲和非洲的荒漠里，最活跃的动物是骆驼。它个体高大，耐饥渴，能驮着沉重的行囊在炎热干燥的荒漠里奔走，是荒漠地区居民的主要交通工具。

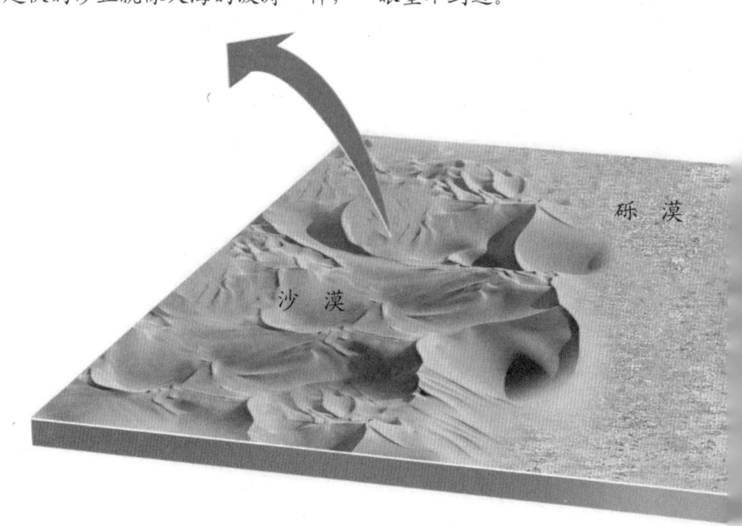

沙丘地形

在沙漠中，沙粒被狂风卷起来，再落到地面上，便堆积成不同形态的沙丘。最常见的沙丘是新月形沙丘，它有弧形的沙脊线，向风的一面向外突出，坡度较缓，背风的一面向内凹进，坡度较陡，从空中看就像一轮弯月。新月形沙丘可以是单个存在，也可以彼此相连，形成巨大的新月形沙丘链。还有一种垄状沙丘，它的向风坡与背风坡差别不大，常常彼此相连，形成一条条高垄，绵延数十千米，景象十分壮观。在阿拉伯半岛沙漠中，常可以见到一种金字塔形沙丘，它的外形呈金字塔状，个体高大，有时高达数十米。

沙漠中的红柳

荒漠中的植物

为了适应荒漠干旱的气候环境，荒漠中的植物一般具有以下特征：叶小甚至变成针状，浑身长着浓密的绒毛或覆盖一层角质，有发达的根系。生长在我国新疆塔克拉玛干沙漠中的胡杨，就是一种典型的荒漠植物。

荒漠形态

荒漠的外貌多种多样，常见的是各种类型的沙漠、砾漠和岩漠。沙漠是最普通的一种荒漠，地表上覆盖着细沙粒，多形成一个个沙丘。借助于大风的力量，沙丘能在地表上流动。流动的沙丘可吞没农田、村庄，甚至湖泊。砾漠也叫戈壁，地表上散布着很多大小不等的砾石块。中国北部与蒙古国交界处，就有大片的砾漠。当风吹走地表上所有的松散土质后，剩下的部分就称作岩漠。岩漠上纵横交错着干涸的沟谷、河床和突起的风蚀岩。

砾漠的地表上遍布着大小不等的砾石块，就像干涸的河床一样。

岩 漠

在强风的吹蚀下，风沙把岩漠中的坚硬岩石雕蚀成奇形怪状，好像一座废弃的古城。这种地貌又称风城地形。

风城地形

甜美诱人的葡萄

地处荒漠的吐鲁番“葡萄沟”

荒漠中的绿洲

并不是所有的荒漠都是荒凉的世界。在有水源的地方，加上炎热的气候，荒漠中也会出现一片水草肥美的绿洲。这里有农田、林带和果园，也有村庄和城市。所产的粮食、瓜果，品质好、病虫害少，深受人们的喜爱。我国新疆的吐鲁番就是一处有名的荒漠中的绿洲。

荒漠中的动物

沙兔

沙生蜥蜴

沙蛇

沙生昆虫

热带荒漠

在地球的南北回归线附近，常有大片干旱的荒漠，因其处于热带，又称热带荒漠。世界上最大的热带荒漠在非洲，就是著名的撒哈拉沙漠。北美洲的热带荒漠有较多的降水，因此可以看到荒漠上长着高大的仙人掌。这也是地球上的一大自然奇观。

荒漠中降水少，水分蒸发快。为了适应荒漠的自然环境，减少水分的蒸发，仙人掌的叶子变成了针状。

热带荒漠中生长的仙人掌

河流

地球上有无数条大大小小的河流。有的河流很长，长达五六千千米，奔流在辽阔的大地上；有的山间小溪很短，溪水清清，只有几千米长。有的河流一年四季都有水，是常流河；有的河流只某个季节有水，是季节河。河流对于地球表面形态的影响十分巨大，它可以把高原夷成平地，也可以把高山切割成深谷。世界上著名的河流有中国的黄河、长江，欧洲的多瑙河、伏尔加河，非洲的尼罗河，美洲的密西西比河、亚马孙河等。

河流是地球的血脉，河水是人类最好的水源。人们的生活用水和工业用水，都可以从河中取用，在河上人们乘船远行，还可以从事各种货物运输活动。

河流孕育了人类文明

纵观人类文明史，世界上几个文明发展较早的地区，都与江河大川密切相联。早在5000～6000年前，黄河和长江就孕育了中华民族灿烂的文化。位于非洲北部的尼罗河，则孕育了古埃及文明，西亚的底格里斯河和幼发拉底河孕育了两河流域的古巴比伦文明，而印度的印度河和恒河又是古印度文明的发祥地。人类文明从河流两岸孕育，又沿河流走向了辉煌。

水坝与水库

水坝与水库

在河道上的适当地点修筑大坝，把河水堵起来，会形成一个大水库。水库有调节河水水量的作用，在大水时，水库把河水储存起来，既可以减少下游的洪涝灾害，又可以在旱季放出来，用于农田灌溉。水库还可用来发电，因为水库把河水水位抬高，形成了可以利用的高位水能。人们在水坝下装上发电机，当打开闸门放水时，水流就冲击发电机叶片，使它转动，把水能变成了电能。

江河的流程

一条大的河流，从源头的涓涓细流到汇纳百川流入海洋，中途要经过上游、中游、下游三个重要阶段。河流的上游大多穿行于山区，河道狭窄，水流很急，途中有许多险滩和瀑布。河流冲出山地流向平原的过渡阶段，就是河流的中游。河流在中游时，河面变得比较宽阔，水流速度减慢，河道变得弯曲。河流的下游一般都是广阔的平原地区，河面更加开阔，多出现浅滩和沙洲，而且汊河和曲流也增多。河流最后经河口流入大海。

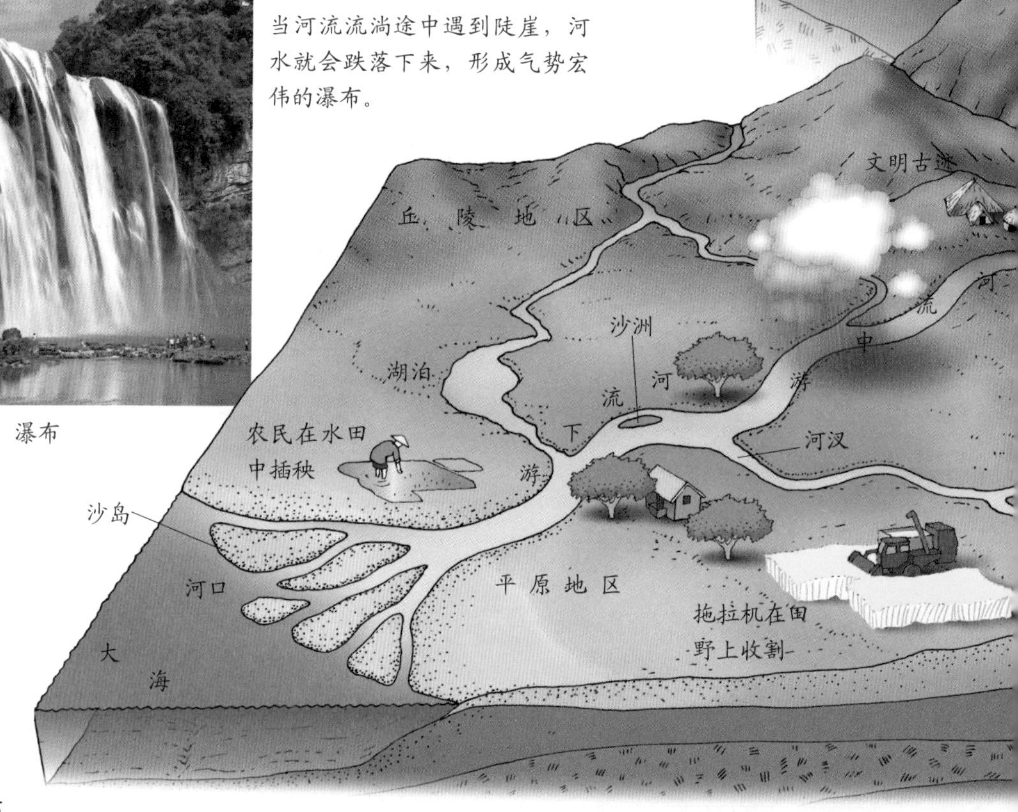

当河流流淌途中遇到陡崖，河水就会跌落下来，形成气势宏伟的瀑布。

瀑布

瀑布

在河流行进途中，常常出现一些悬崖、陡壁，水流从陡峭的崖壁上飞泻而下时，就像给峭壁上悬挂上一层“白纱帘”，人们形象地称它为瀑布。有些瀑布的落差比较小，人们叫它跌水。世界上落差最大的瀑布是位于南美洲委内瑞拉境内的安赫尔瀑布，落差达900多米。我国四川的九寨沟有很多小瀑布，落差都很小。瀑布不仅以它壮美的景色吸引着人们，而且它那排山倒海般的水流里，还蕴藏着丰富的水利资源。

诺日朗瀑布

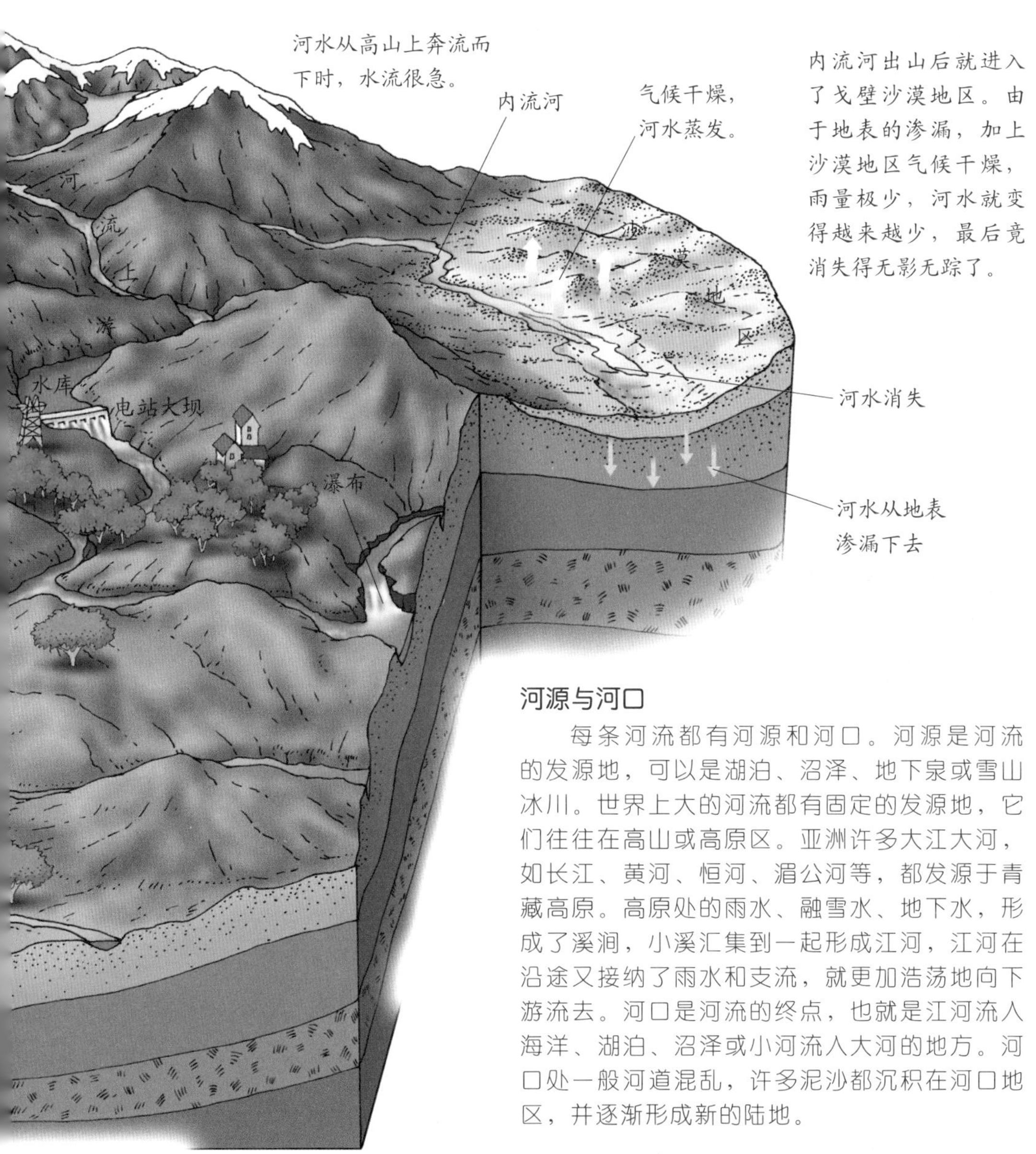

河源与河口

每条河流都有河源和河口。河源是河流的发源地，可以是湖泊、沼泽、地下泉或雪山冰川。世界上大的河流都有固定的发源地，它们往往在高山或高原区。亚洲许多大江大河，如长江、黄河、恒河、湄公河等，都发源于青藏高原。高原处的雨水、融雪水、地下水，形成了溪涧，小溪汇集到一起形成江河，江河在沿途又接纳了雨水和支流，就更加浩荡地向下游流去。河口是河流的终点，也就是江河流人海洋、湖泊、沼泽或小河流人大河的地方。河口处一般河道混乱，许多泥沙都沉积在河口地区，并逐渐形成新的陆地。

中途消失了的河流

世界上绝大多数河流最终流人海洋，我们称它为外流河。在干旱地区，也有许多河流只有源头，没有归宿，在进人海洋或湖泊之前就消失了，成了无尾的河流。这种河我们叫它内流河。新疆的塔里木河，就是我国最大的一条内流河。

塔里木河

湖泊

如果我们能在空中俯视陆地，就会发现一个个湖泊像一面面宝镜镶嵌在大地上。湖泊是陆地上天然洼地中积蓄的水体，也是人类最宝贵的水资源。湖泊中盛产鱼虾，又有舟楫之利，湖泊四周往往是人烟稠密、经济发达的地区。

纳木错湖是我国第二大咸水湖。“纳木错”在藏语中的意思是“天湖”。

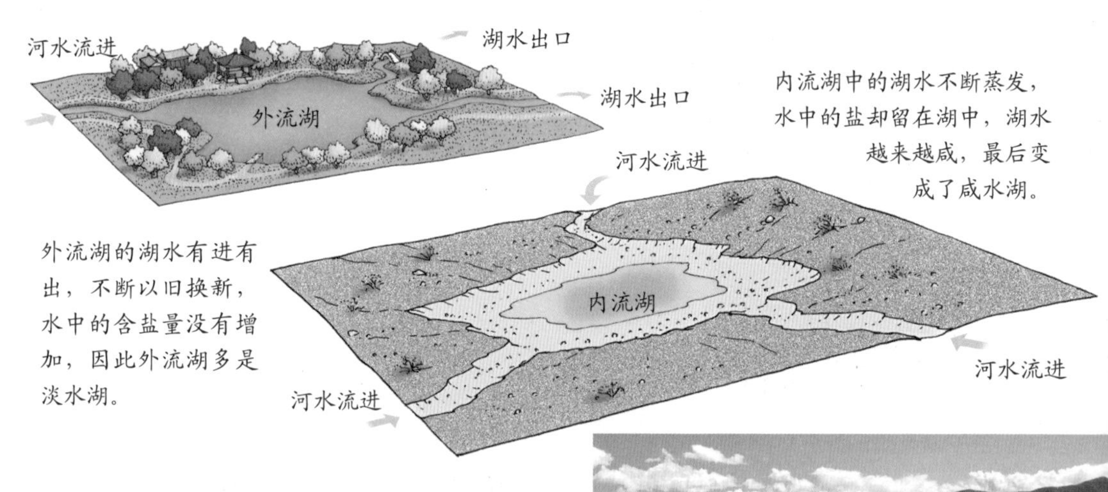

内流湖与外流湖

没有出口的湖泊叫内流湖。河水流进湖里不能出去，时间一长，由于蒸发作用，水中的含盐量就会大大增加，所以内流湖多是咸水湖。我国最大的湖泊——青海湖，就是一个咸水湖。有出口的湖泊叫外流湖，这样的湖泊既有流入湖里的河流，又有以湖作为河源从湖中向外流的河流。

湖泊也是许多鸟类的栖息地。每年有10万多只鸟在我国青海湖的鸟岛上繁殖、生活。

洪水期过后，弯曲的河流部分变成了牛轭湖。

牛轭湖

“牛轭”是耕牛脖子上套的弯木，弯木上面固定着拉犁的绳子。平原地区的河流一般流速都很缓慢，河道弯弯曲曲。当发大水时，河流弯曲部分常被冲开，裁弯取直，原来的弯曲部分脱离河道，这样就在河边留下一个牛轭状的小湖，因此得名“牛轭湖”。

火山口积水成湖

火口湖

火口湖是湖泊家族中一个特殊类型，它是由火山活动形成的。火山喷发后，往往在山顶留下一个漏斗状的深坑，叫火山口。如果火山地区降水较多，就会在火山口里积满水，形成火口湖。火口湖多为圆形，一般不大，却很深。我国长白山山顶的天池就是一个火口湖，它的水深超过300米。

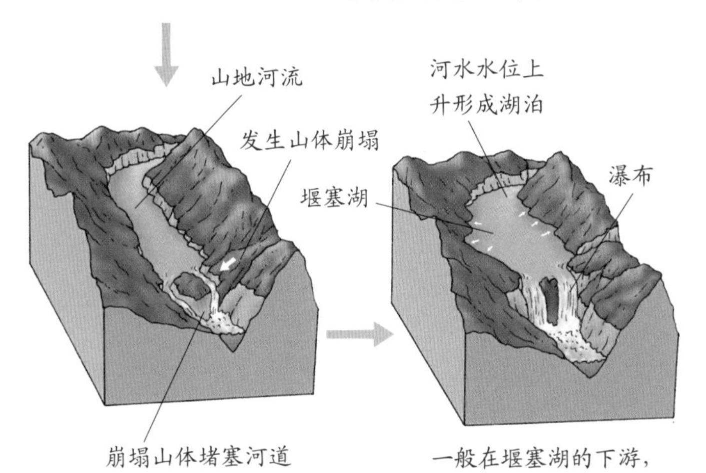

一般在堰塞湖的下游，都伴随一个大的瀑布。

堰塞湖

堰塞湖是在河道上形成的湖泊。由于火山喷发流出熔岩，或者地震使山体岩石崩塌下来，堵塞了河道，河水便不能自由地流淌，最后就壅水成湖。我国黑龙江省的镜泊湖，原来是牡丹江上游的河道。后来，河道附近发生一次大规模的火山喷发，火山喷出的岩浆把牡丹江堵起来，就形成了一座方圆几十千米的大湖。

冰川

地球的南北极和高山雪线以上的地区，月平均气温都在0℃以下，那里的积雪终年不化，结果越堆越厚。当冰雪堆到一定厚度时，就会像河流一样，沿着地表斜坡或山谷向下移动，形成了冰川。世界上许多大江大河都发源于冰川，因此冰川是地球上重要的淡水资源。

冰川像一条白色的河流从山上流下

粒雪盆

冰川上部是为冰川提供冰雪来源的盆状地形，叫粒雪盆。那里地处雪线以上，一年到头平均气温在0℃以下，有大量降雪。这些降雪不能融化，堆积下来，就成为下部冰川的主要冰雪补充区。粒雪盆往下为冰川体。

冰裂缝

在冰川流动过程中，冰川体表面会产生许多冰裂缝。冰川厚度很大，所以冰裂缝也很深。有时冰裂缝被一层薄雪覆盖着，人们不易看见冰裂缝的具体位置，在冰川上行走常有掉到冰裂缝里的危险。

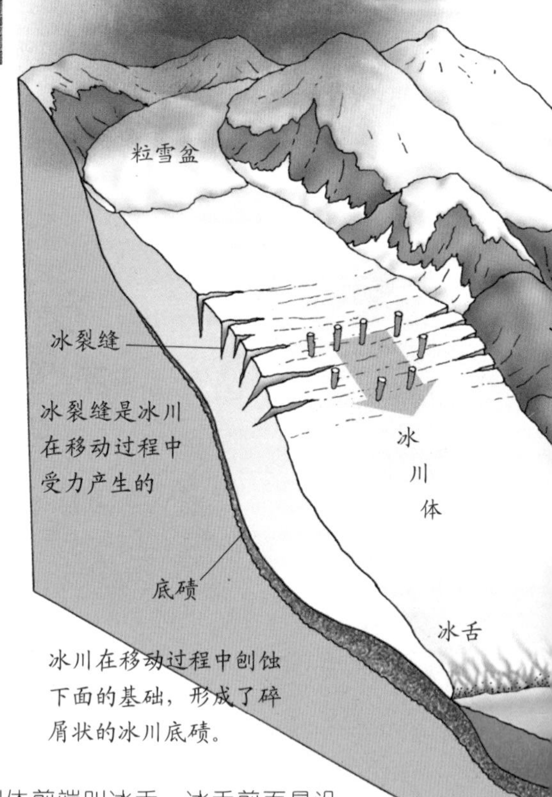

冰川在移动过程中刨蚀下面的基础，形成了碎屑状的冰川底碛。

冰川上巨大的冰裂缝

冰舌

冰川体前端叫冰舌。冰舌前面是没有积雪的山谷，背后是一条长长的冰川。冰舌看起来一直保持不动，那是因为冰舌已经进入雪线以下，气温较高，冰川不断消融，而后面的冰川仍会不断向前移动，消融与补充相互抵消了。所以，冰舌看起来总是固定不动的。

南极冰盖

南极洲地面几乎全被厚厚的冰雪覆盖着，由此形成了世界上最大的冰川，称南极冰盖。它的面积约为1340万平方千米，平均厚度近2000米。南极冰盖也和山岳冰川一样，缓缓地向四周海洋的方向流动着，流进海洋中的南极冰盖成为大洋上的冰山。

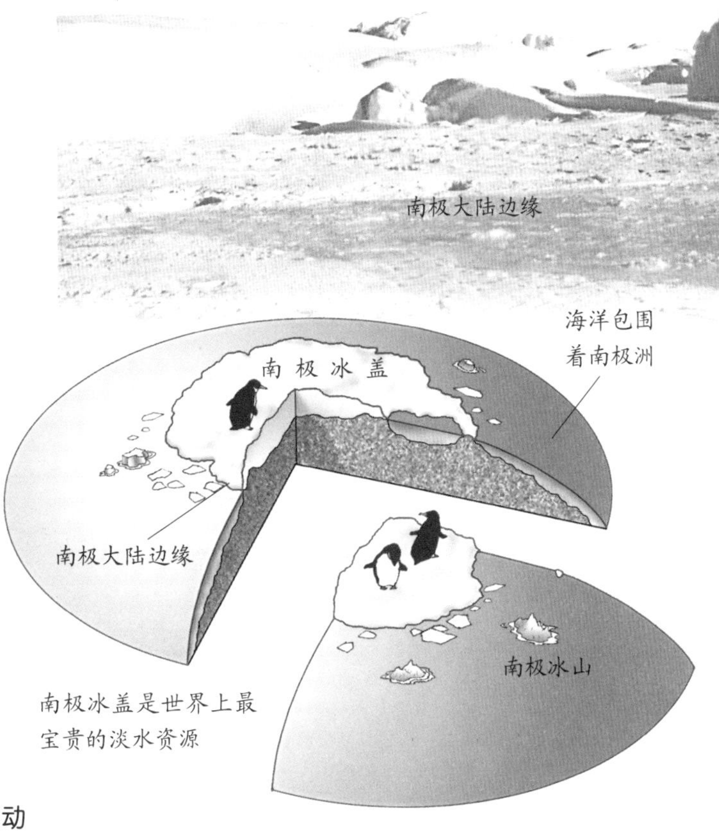

南极冰盖是世界上最宝贵的淡水资源

冰舌前缘的冰水世界

冰舌区气温较高，冰川不停地融化。在融化过程中，有的冰体融化较快，有的冰体融化较慢，由此形成了多姿多彩、晶莹剔透的冰水世界。在这个冰水世界里，有各种形状的冰洞、冰塔、冰蘑菇等。潺潺的融水从冰洞中流出来，汇成清清小溪，景色极美。

冰川的移动

冰川是冰的河流，冰川移动速度很慢，一天也只移动几厘米到几十厘米，肉眼难以观察到，所以只能靠特殊的方法进行观察，比如在冰川的前沿横着插上一排木桩，然后逐日观察冰川上木桩的位移状况。由于冰川中间部分移动速度比两侧要快一些，所以中部的木桩会向前突出。

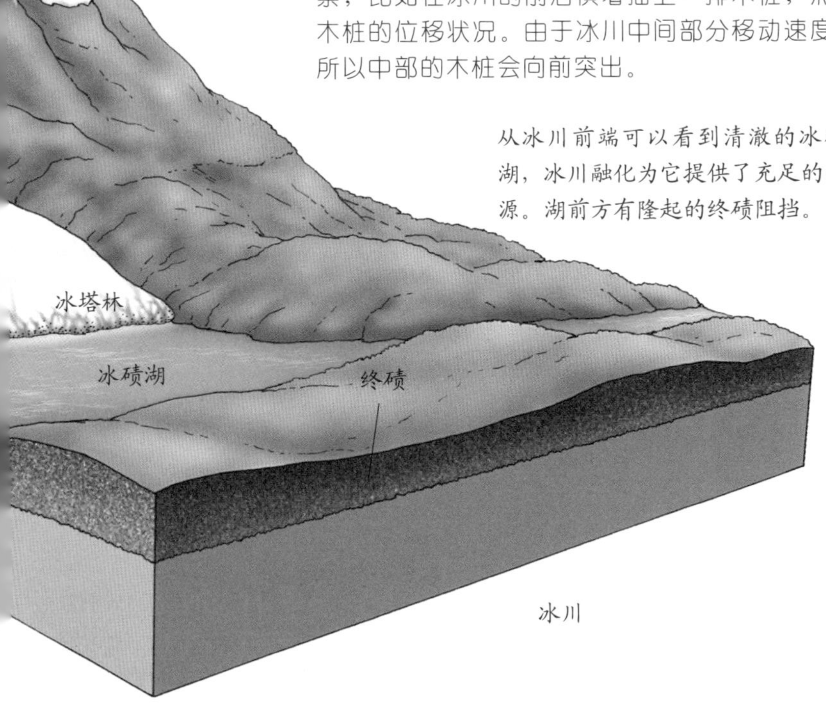

从冰川前端可以看到清澈的冰碛湖，冰川融化为它提供了充足的水源。湖前方有隆起的终碛阻挡。

冰碛湖与终碛

冰舌前面常常有一面湖，这是由融化的冰水聚集形成的冰碛湖。冰碛湖四周地形较高，背后是冰舌，前面有一道较高的冰川堆积物，叫终碛。终碛是冰川在融化后，由冰体内携带的泥沙碎石沉积下来形成的。

地球上的水

地球上的水是很多的，总水量约为 13.6 亿立方千米。这么多的水在地球上的分布是极不均匀的，其中 97.3%分布在海洋中，冰川、冰帽的水量仅占地球总水量的 2.14%，其余的 0.56%则分布丁土壤、地下、湖泊、江河、大气和生物体内。如果只看江河里的水量，就更少得可怜了，仅占到地球总水量的 0.01%。

在自然界，水是以气态（水蒸气）、液态、固态（冰）这三种形态存在的。水在大自然中有大规模的循环，这种循环把大气圈、水圈和地壳紧密地联系在一起。水循环是完全闭合的，无论是地表水还是地下水，一般都要流归大海，只是流归的方式、时间不同而已。

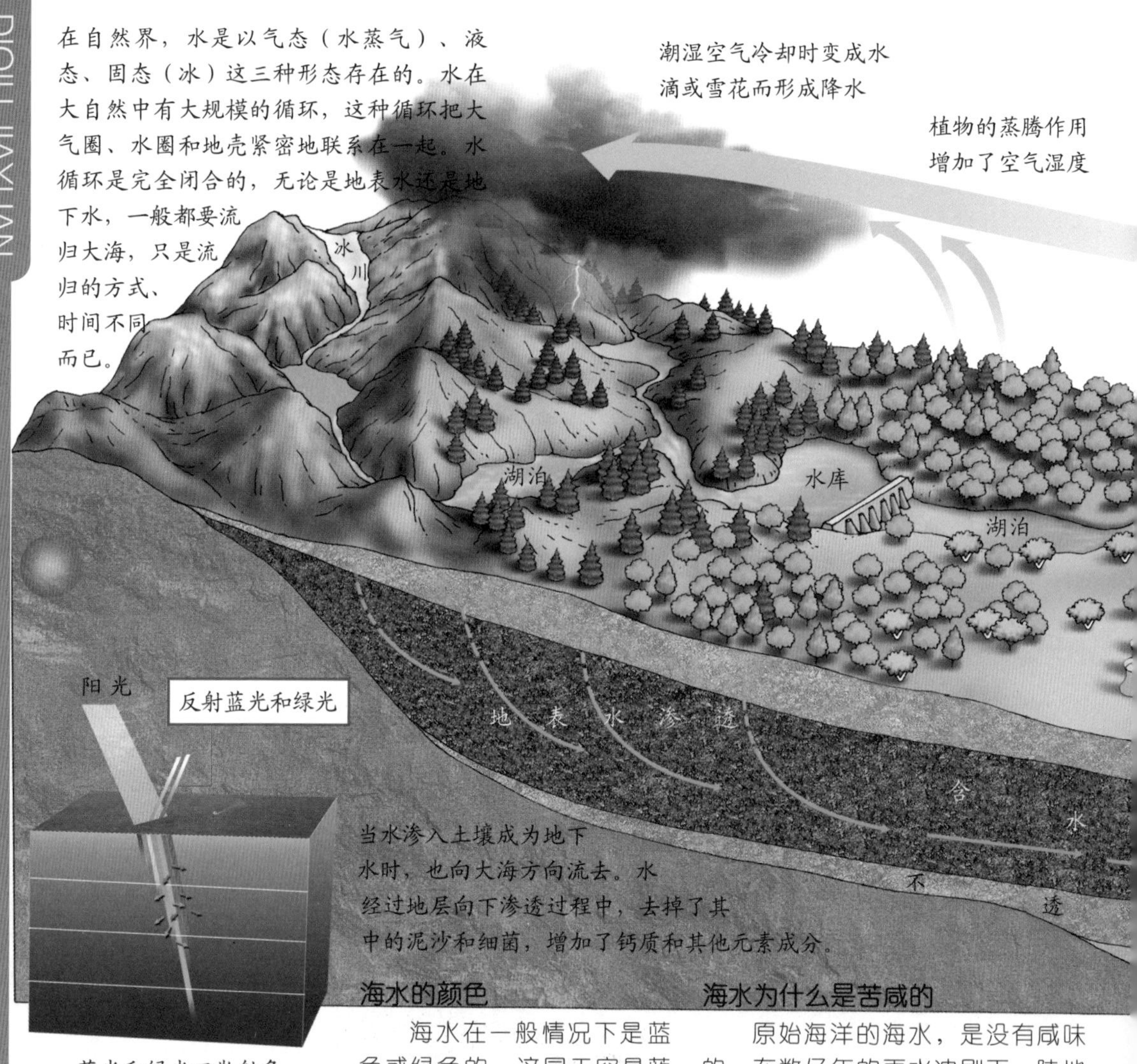

当水渗入土壤成为地下水时，也向大海方向流去。水经过地层向下渗透过程中，去掉了其中的泥沙和细菌，增加了钙质和其他元素成分。

蓝光和绿光回散射多

海水的颜色

海水在一般情况下是蓝色或绿色的，这同天空是蓝色的道理一样。当太阳光照到海面上时，海水很快就把阳光中的红色、橙色和黄色光吸收了，而蓝色、绿色光在水中穿透最深，因此它们被海水分子回散射的机会也最大。海水的颜色是由海洋表面的海水反射太阳光和海洋内部的海水分子回散射太阳光的颜色决定的，因此海水看上去多呈蓝色或绿色。

海水为什么是苦咸的

原始海洋的海水，是没有咸味的。在数亿年的雨水冲刷下，陆地岩石中的盐和可溶物质，不断被雨水溶解，并随雨水流人海洋，而海底火山的喷发，又使得海水吸收了大量的氧化物和碳酸盐等物质。经过数亿年的海水溶解和海流搬运，现在的海水就变成苦咸味的了。

大气圈中水的循环

在水的大循环中，大气圈中水的循环占有非常重要的位置。水从海洋中蒸发为气体，以气团形式被带到天空，这是大气中水分的主要来源。在适当条件下，大气中的水汽又形成雨、雪（冰雹）降落下来，然后又以河流、湖泊等地表水或地下水的形态返回到海洋。人们发现，在非洲撒哈拉沙漠下，有一个“化石”水层，从最后一次冰期起，一些水就积储在那里。千万年下来，这古老的化石水层，一直向海洋方向移动着。

有人计算过，如果把海水中的盐类全部提取出来，平铺在地球的陆地上，那么地球上的陆地将会比现在高150米。

氯化钠占海水含盐量的80%

其他盐类占海水含盐量的20%

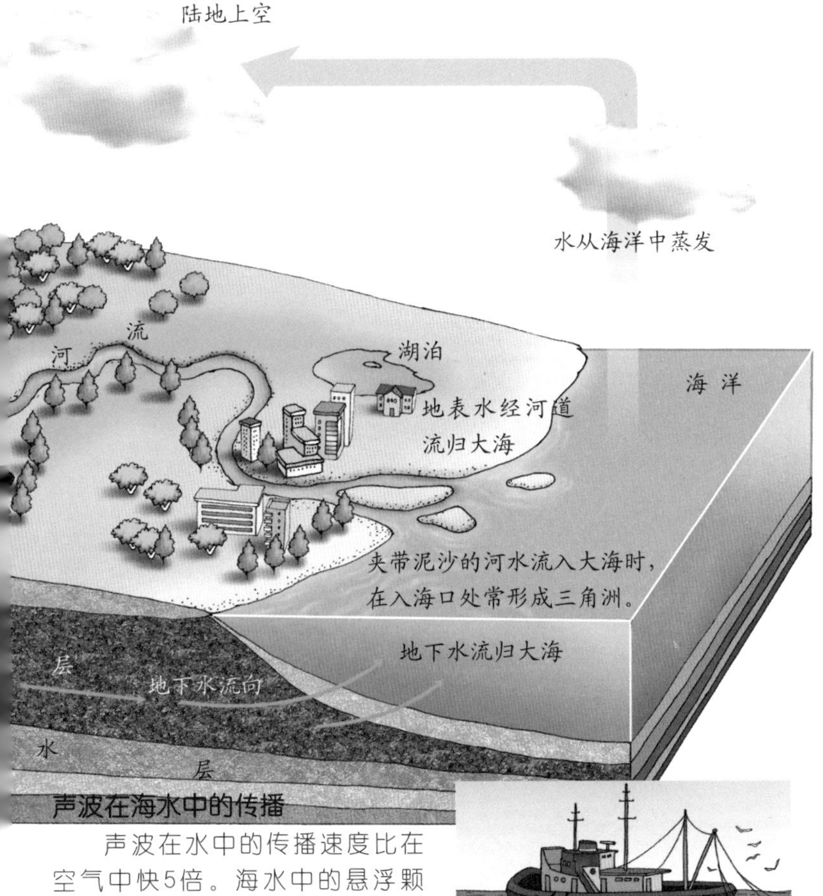

海水中的盐

据测定，海水的含盐量大约是3.5%。这里所说的盐，是化学概念上的盐，它包括我们日常所吃的食盐的主要成分氯化钠，此外还有硫酸钙、氯化钾、硫酸镁、氯化镁等。海水的含盐量是巨大的，大约为5亿亿吨。

海水的深度与压力

海水压力是指海水中某一点的压力，也就是指这一点单位面积上水柱的重量。人们通过计算得知，海水深度每增加10米，压力便会增加约1个大气压。在1000米水深处，其压力约为100个大气压。这么大的压力，能将普通的木块压缩到它原来体积的一半。

声波在海水中的传播

声波在水中的传播速度比在空气中快5倍。海水中的悬浮颗粒、气泡、浮游生物及鱼群等，都对声波有吸收作用，而且还会发生反射和散射。因此，我们可以利用声波来测量海水的深度，探测鱼群、沉船和潜艇的方位，或是进行水下通信等。

用声波探测鱼群

海浪与潮汐

到过海边的人都会看到，海水总是在无休止地运动。从表面看，大海的运动是混乱无序的。实际上，它是很有规律的。海水的主要运动方式有两种，即周期性的振动和非周期性的移动。周期性振动形成了海水的波动，就是我们看到的海浪和潮汐。非周期性移动形成了海水的流动，它是我们肉眼看不见的大洋中的海流。

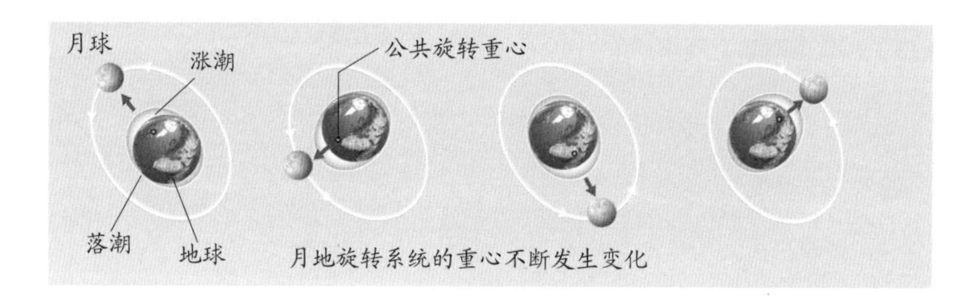

月地旋转系统的重心不断发生变化

潮汐

人们在观察大海时，发现海水涨落很有规律。一般每天两次，即白天一次，晚上一次。于是为了区别，人们把白天海水的涨落叫作潮，晚上海水的涨落叫作汐。这一潮一汐，间隔的时间总是不变的。每日两次的涨落期，需要24小时50分钟。一天是24小时，所以潮汐的作息时间，每天要推迟50分钟。这和月亮的作息时间几乎是相同的。

月球的引力使海水涨潮，但高潮出现的时刻并不正好在月亮上中天（在头顶上）或下中天，而是有几个小时的滞后，它是由摩擦和海洋陆架地形引起的。

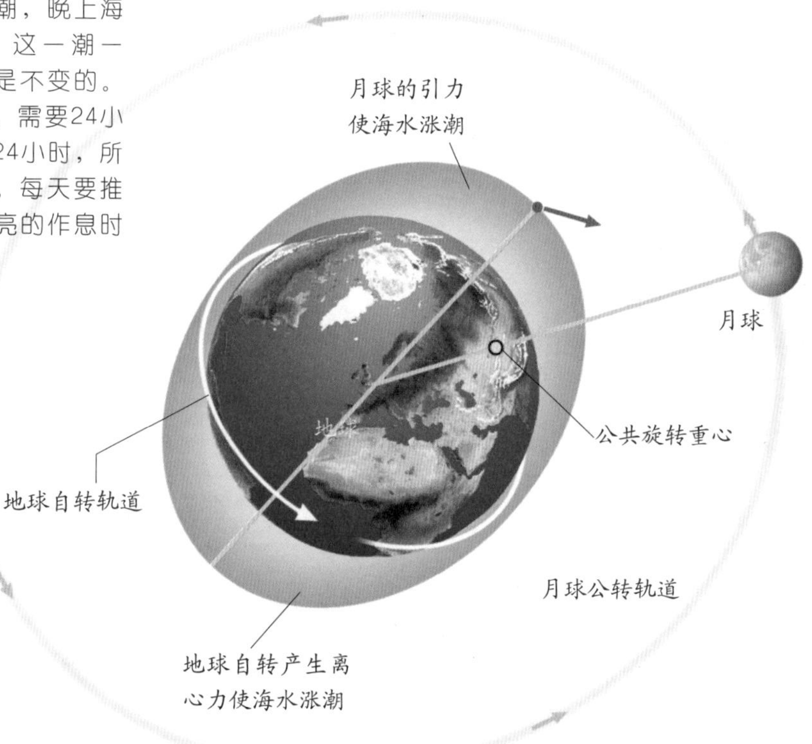

太阳的引潮力和月球的引潮力叠加在一起，会出现大的涌潮。

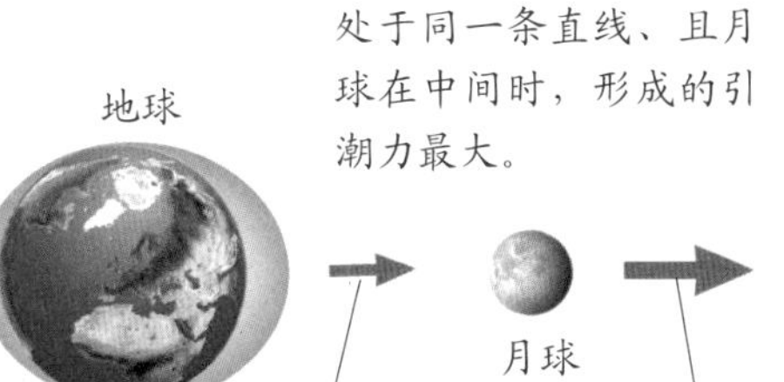

地球、月球、太阳三者处于同一条直线、且月球在中间时，形成的引潮力最大。

太阳

潮汐是怎样形成的

海洋潮汐的动力来自两个方面：一是太阳和月球对地球表面海水的吸引力，我们叫它引潮力；二是地球自转产生的离心力。由于太阳离地球太远，日常的引潮力主要来自月球。月球不停地绕地球旋转，地球某处海面距月球越近时，月球对它产生的吸引力就越大。在月球绕地球旋转时，它们之间构成一个旋转系统，有一个公共旋转重心。这个重心的位置随着月球的运转和地球的自转，在地球内部不断改换，但始终偏向月球这一边。地球表面某处的海水距离这个重心远时，由于地球的转动，此处海水所产生的离心力就大。由此可知，面向月球的海水所受月球引力最大，背对月球的海水所受离心力最大。在一昼夜之间，地球上大部分的海面有一次面向月球，有一次背向月球，因此一天会出现两次海水的涨落。

每年的农历八月中旬，我国的钱塘江口都会出现壮观的涌潮景象。

钱塘江大潮

涌潮

在一些水深逐渐变浅，海岸陡峭的喇叭形河口湾处，涨潮时潮水像一堵高墙咆哮前进，这种现象称作涌潮。涌潮虽然每月都发生，但最大的涌潮一般发生在一年中的农历八月中旬。此时，月球运行到地球和太阳之间，三者处于同一条直线上，太阳的引潮力就显示出来了，并且与月球的引潮力相加，吸引海水形成大潮。

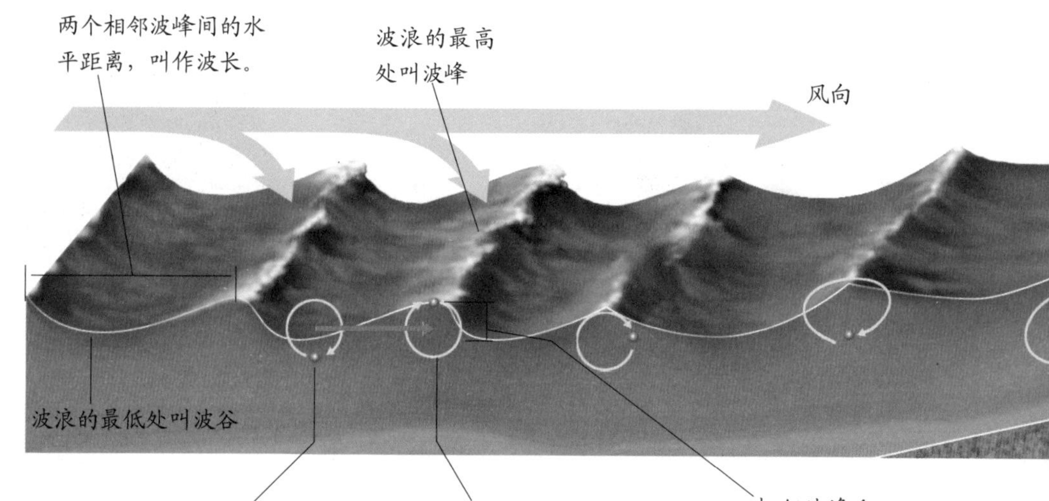

波浪

海浪对海洋渔业、海上运输及海岸工程影响最大，所以人们特别注意对海浪规律的研究。阵风吹过海面时，对局部海区产生作用力，使得海面变形，形成了海浪。如果海风持续不断，那么在连续的风力作用下，海面上会形成多个浪波的传递，最后就形成了波浪。

台风的卫星云图

风暴潮造成的灾害

风暴潮

风暴潮又称气象海啸。它是一种灾害性的天气，主要是由气象因素引起的。当海上形成台风，局部海面水位突然增高时，又正好与潮汐的大潮叠加在一起，就会形成超高水位的大浪。如果此时再加上特殊的地形、气压等因素，冲向海岸的海浪就可能给岸上居民造成巨大的损失。

海啸

海底发生地震或海底火山爆发时，将激发海水产生一种巨大的波浪运动，这就是海啸。海啸所含能量非常大，到达近岸时，掀起的狂涛巨浪能形成高达几十米的水墙、并伴着隆隆声响冲向岸边，给沿岸地区造成毁灭性的灾难。2011年3月日本东海岸发生的海啸，还引发了核泄漏事故。

巨大的波浪迅速从震源传播出去

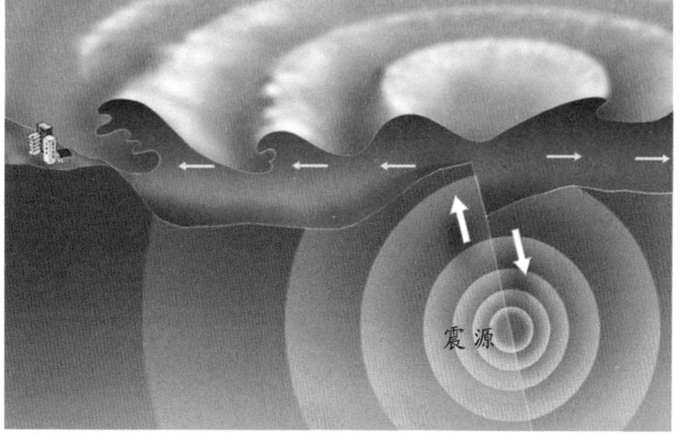

在海边游玩时，如果发现海水泛着白沫逐渐下退，或海水水位突然上升，要迅速离开海边，撤离到安全地带，因为这可能是海啸来袭的预兆。

2004年12月26日，发生在印度洋东部海域的大海啸，给东南亚几个国家造成巨大损失，有大约20万人在灾难中丧生。

海流

大洋中的海水有规则地运动，就形成了海流。有人把海流比作海洋中的河流。虽然同是水的流动，但和陆地上的江河相比，陆上江河的两岸是陆地，而海流的两岸仍然是海水，因此海流用肉眼是看不见的。海流是历代航海家在对海洋的不断探索中发现的。近代海洋学家又根据前人的资料，绘制出了大洋环流图。

拉布拉多海流

北大西洋漂流

墨西哥湾流

加那利海流

北赤道海流

大西洋

南赤道海流

几内亚海流

本格拉海流

巴西海流

福克兰海流

西北季节风漂流

东北季节风漂流

印度逆流

赤道海流

印度洋

西风漂流

从低纬度海区向高纬度海区流动的海流，它的水温比流过的海区水温高，称为“暖流”。

从高纬度海区向低纬度海区流动的海流，它的水温比流过的海区水温低，称为“寒流”。

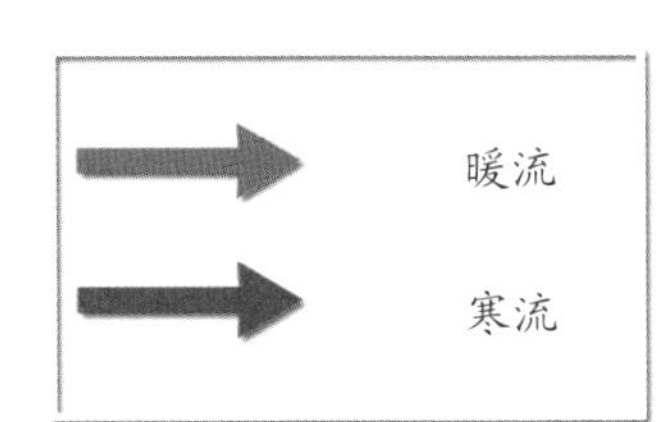

湾流

湾流是大西洋上最大的暖流，又叫墨西哥湾流。湾流是由大西洋赤道流转化而成的，它的源头在墨西哥湾。墨西哥湾在赤道附近海域，是大西洋上的巨大“暖水库”。它的海面要比大西洋平均高度高许多，使得温暖的海水形成海流，从佛罗里达海峡流出，沿北美海岸向高纬度海域流去，形成一股十分强大的暖流。由于大西洋上的这股暖流的存在，欧洲地区虽然纬度较高，但气候温暖宜人。

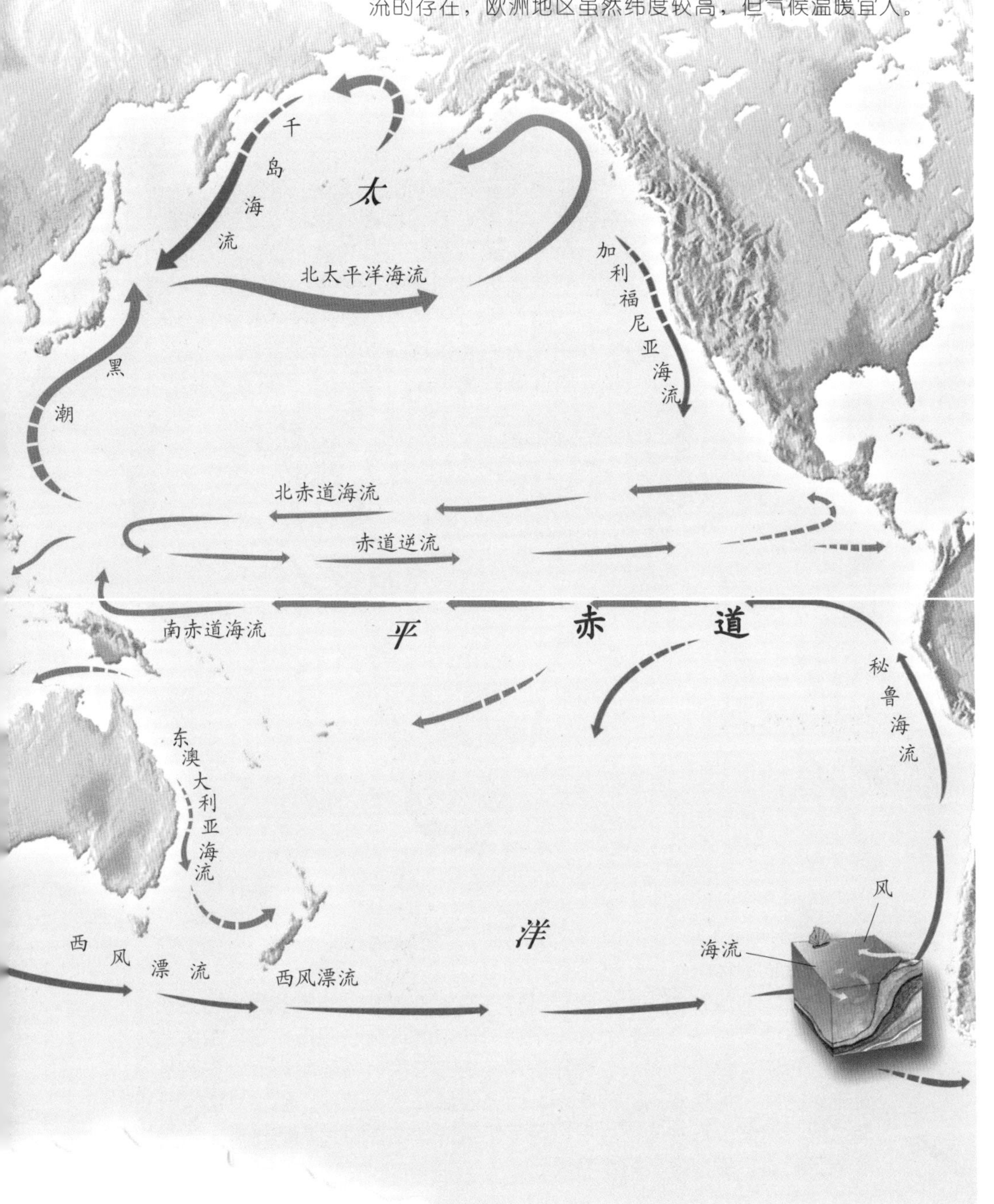

大洋环流

在世界大洋中，分布于表层的主要海流首尾相接，构成了几个独立的环流系统。海洋学家称这些环流系统为大洋环流。在大西洋和太平洋的环流系统中，有许多相似的地方，每一环流的东西两侧，均不对称。

黑潮

在北太平洋的西部，有一股强劲的海流，如同一条巨河，从南向北，昼夜不停地滚滚流动着，这就是黑潮。由于黑潮是由北赤道流转化而成的，因而具有较高的水温和盐度。即使是在冬季，它的表层水温也不低于20℃，所以人们称它为黑潮暖流。黑潮的流速为每小时3～10千米，流量每秒约3000万立方米，比我国第一大河长江的流量高近千倍。

产生海流的原因

大洋中的海水由于风的吹动，某处海水流走了，邻近的海水马上补充进来，连续不断，天天如此，于是在海洋中就形成了海流。这种由风直接产生的海流，称作风海流。大洋水深小于二三百米的表层海流，主要是风海流。此外，地球表面上的降水，以及表层海水的结冰、融冰、蒸发等物理过程，常造成海水的密度不均匀，结果使海水的重量失去平衡，于是也产生了流动，这种海流称作密度流。

升降流

在靠近海岸的海洋中，风所形成的风海流使表层海水离开海岸，由此引起近岸的下层海水上升，形成了上升流，而远离海岸处的海水则下降，形成了下降流。上升流和下降流合称为升降流，它和水平海流一起构成了海洋总环流。上升流在上升过程中，把深水区的大量营养物质带到了表层，为浮游生物提供了丰富的养料。而浮游生物又为鱼类提供了饵料。因此，在上升流很显著的海域，多是著名的渔场。

南极环流

南极环流的形成与南半球盛行的西风带有密切关系。在强劲的西风作用下，产生了强大的风海流。这股强劲的海流环绕南极大陆约南纬35°～65°之间的海域流动，所以称为南极环流。南极环流对太平洋、大西洋和印度洋的深层水混合起着重要作用，又把这三大洋的水连成一体，堪称世界海洋中最强海流之一，它对世界气候产生很大的影响。

海洋矿产资源

进入21世纪，人们对能源和矿产资源的需求日益增长。为了满足人类社会发展的需求，人们借助现代科学技术手段对矿产资源的开采，由陆地转向了海洋。覆盖地球表面71%的海洋里，蕴藏着极为丰富的矿产资源。据估计，海底的石油和天然气资源占世界总储量的30%以上。此外，人们在海底还发现了大量的煤、铂、金、铜、铅、锌、铁、银、镍、锡、铀、钼等潜在矿床。

发现锰结核矿

1873～1876年，英国科学考察船“挑战者”号在进行环球科学考察时，首先发现了大洋深处的锰结核。当时，人们对这种像马铃薯形状的深褐色团块并不十分了解，仅仅知道这种团块是由锰和铁的氧化物组成的，便起了个锰结核的名字。锰结核在太平洋海底许多地方都存在，它的价值已被世人所认识。

多金属软泥

在大洋的洋底，还有一种财富是从洋底裂隙中流淌出来的，这就是热液矿床。这种热液矿床被科学家们称为多金属软泥。多金属软泥富含铁、锰、铅、锌、金、银等元素，而且它们在洋底的储量在不断增长着。

海底锰结核分布

多金属软泥

散布在海底的锰结核表面呈黑褐色或棕红色

海底锰结核

锰结核剖面像树木的年轮一样

富饶的海洋资源库

除锰结核外，还有一些矿物富集于沿海一带。例如，在英国康沃尔海岸和印度半岛一些海岸，发现了大量锡矿，还有南非海岸的金刚石矿。新南威尔士、澳大利亚的锆石砂矿，以及美国西海岸的磷酸盐矿，都具有极大的开采价值。此外，还可以回收溶解在海水中的矿物，如钠、镁、钙和溴等。如果把海水淡化产业和一些矿产品的提取结合起来，那么在21世纪，海洋将成为人类最大的资源库。

海上油气资源

1947年，美国最早开始尝试海上石油开采。到1977年，世界上已有439条钻探船从事油气资源的开采作业。最初，人们只在近海水深200米以内的地区进行海上石油开采。随着各国对近海石油产业的大量投资，人们每年都在不同深度的海域发现潜在储量十分可观的油田，并开始进行大规模的开采。

海洋科学考察船

海洋石油开采

锰结核是怎样形成的

陆地上的河水源源不断地把陆地上的物质带入大海。一些大而重的颗粒在离海岸较近的浅海中沉积下来，而那些小而轻的物质就被带到离海岸较远的地方。这些物质中含有锰、铁、镍等金属元素化合物，它们进入海洋后，不断与海水中的钴、铜、钼等其他元素结合，并随着海流越滚越大，就形成了大小不等的圆球状锰结核。

可燃冰

大洋的底部还有一种矿物，科学家给它起名叫可燃冰。它是甲烷和水结合而成的一种物质，在大洋底部的低温、高压下，成了一种白色透明的结晶体。当把它从海底捞出时，在空气中，它会不断蒸发成气体，能像蜡烛一样点燃。可燃冰是海底最有价值的一种矿产资源。但目前人类还没有相应技术对它进行合理开采利用。

可燃冰

岩层

锰结核的结构

将锰结核剖开，我们可以看到不同颜色的同心圈。同心圈内有一个核心，核心多是岩石、动物残骸。锰结核含有锰、铜、铁、镍、钴等几十种金属。如果按20世纪90年代世界平均消耗金属量标准计算，太平洋1.7万亿吨的锰结核中，锰可供人类使用3.33万年，镍2.53万年，钴34万年，铜980年。

白色透明的可燃冰

海底油气资源

海洋空间利用

在地球表面上有限的陆地无法满足人口不断增长的情况下，人们把扩展生活空间的目光转向了海洋。占地球表面积71%的海洋，为人类提供了更为广阔的活动空间。

海底隧道

建造海上大桥是连接海峡两岸的有效方式。还有另一种方式，也可以将大陆与海岛、大陆与大陆连接起来，这就是建造海底隧道。海底隧道不占陆地，不妨碍航行，不影响生态环境，是一种非常安全的全天候海上通道。但由于海洋深达几十米甚至几百米，海底隧道修建起来比较困难。目前全世界已经建成或正在建造的海底隧道有20多条。

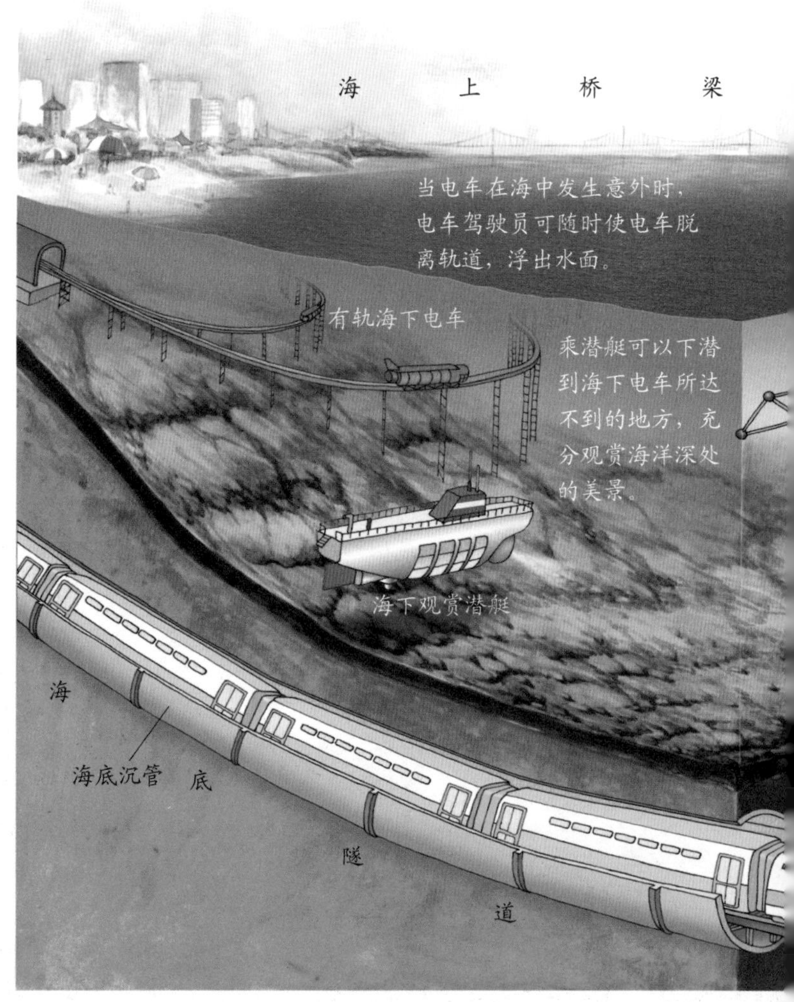

建海底隧道时，要先在海底挖一条通道，把预先用钢筋混凝土浇筑成的隧道沉管，放入海底通道中。然后，在管中铺平道路，装上各种交通设施。

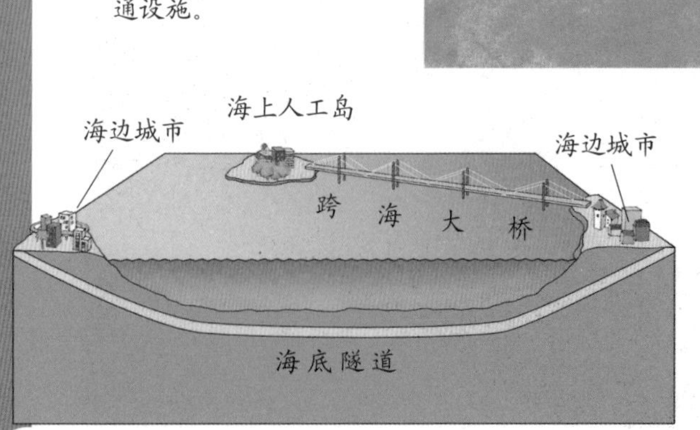

海底观光游览

利用海下电车和潜水器进入海洋深处游览，亲眼看一看大海深处的模样，是近年来各国逐渐兴起的旅游项目，也是海洋开发的一项重要内容。海下电车系统由混凝土管道车轨、电动推进滑车、玻璃钢制成的车厢和岸边漂浮进出口装置构成。

海上人工岛

人类在开发海洋资源的同时，也在不断探索开发海上生存空间。20世纪70年代，日本利用一个海中的小岛，再移山填海建成了长崎机场。这种通过人工在海洋中建成的陆地，我们称它为海上人工岛。海上人工岛不仅可以建造机场，也可以建成具有城市功能的大型居住区。

人们设想的未来的海上人工岛

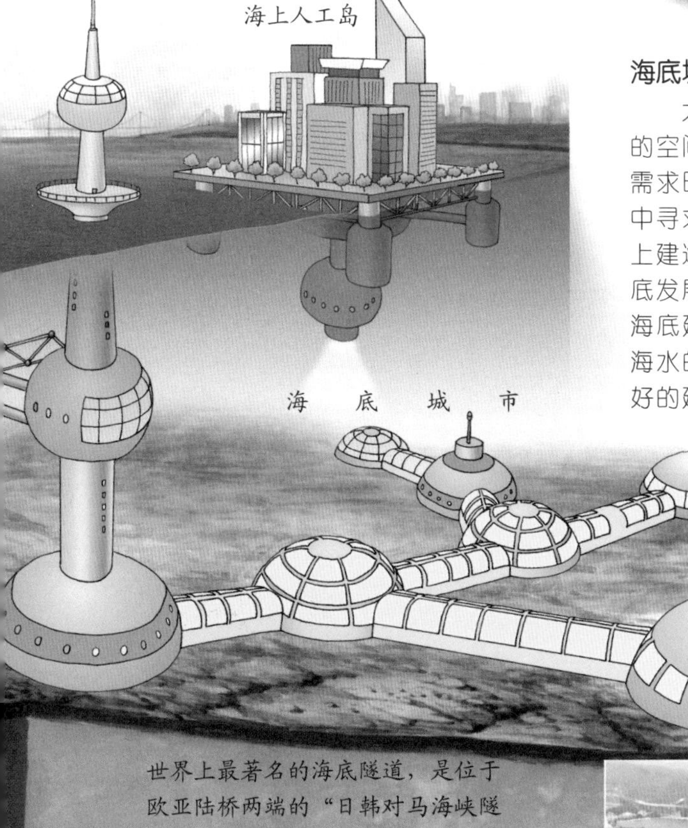

海底城市

大海是人类生命的摇篮，当陆地上的空间无法满足人类正常的生活和活动需求时，人类必然要回归大海，在海洋中寻求生存的空间。20世纪，人们在海上建造了人工岛。21世纪，人们将向海底发展，在大海深处建造海底城市。在海底建城市，面临的最大问题是水压和海水的腐蚀问题，因此就需要制造出更好的建筑材料，既耐压，又耐腐蚀。

在海底建城市，还要解决海水淡化、废水处理、空气循环等技术问题。

世界上最著名的海底隧道，是位于欧亚陆桥两端的“日韩对马海峡隧道”和“英吉利海峡隧道”。

香港的跨海大桥

海上桥梁

海上桥梁利用海洋空间连接两块陆地，为人们的交流、交往带来了极大的方便。世界上著名的跨海大桥是博斯普鲁斯海峡大桥。博斯普鲁斯海峡是黑海的出口，又是欧洲和亚洲的分界线，土耳其的伊斯坦布尔就位于海峡两侧。为了方便两岸的交通，1973年10月，在海峡上架起了第一座跨海大桥。日本濑户内海的跨海大桥连接日本的本州和四国，由3条干线组成，其中2条长达60千米。在我国的香港和澳门，也都建有跨海大桥，它们在经济建设和社会发展中发挥着重要的作用。

潜水

人类自从诞生的那一天起，就没有停止过对海洋的探知。但由于人在水中无法呼吸，加之海水的压力，人们在水下只能停留很短的时间。为了实现到深海中遨游的梦想，人们开始制造适合海下活动和生存的工具，于是便出现了各种潜水装置。今天，人们已经能借助潜水艇和深潜器，到海平面以下1万米的深处去探索海底世界了。

海女

木制潜水钟

潜水钟

早在16世纪，意大利人就发明了木制的球型潜水器，人们给它起了一个很好听的名字，叫潜水钟。潜水钟由座舱和压载舱两部分组成，座舱里装有绞盘，压载舱上系着缆绳，通过机械传动可以改变压载浮力，来控制潜水钟的升降。这台潜水钟虽然潜水不是特别成功，但为后来潜水器的制造提供了重要的设计思想。

1934年制造的潜水器

球型潜水器

20世纪初，两个美国人根据潜水钟的设计思想，制造出了球型潜水器。这种潜水器是在金属支架上，固定一个直径为1.5米的球型驾驶舱，有电缆直通到舱内，使舱外的控制和机械大为简化。它的下潜深度达到了240米。后来，经过不断发展，共下潜深度达到了1000米左右。

1970年制造的“雷蒙”球型潜水器

球型潜水器有一个致命的缺点，那就是要用缆绳把它吊挂在船上，如果遇到暗流，它就会在水中旋转，缆绳时紧时松，很不安全。

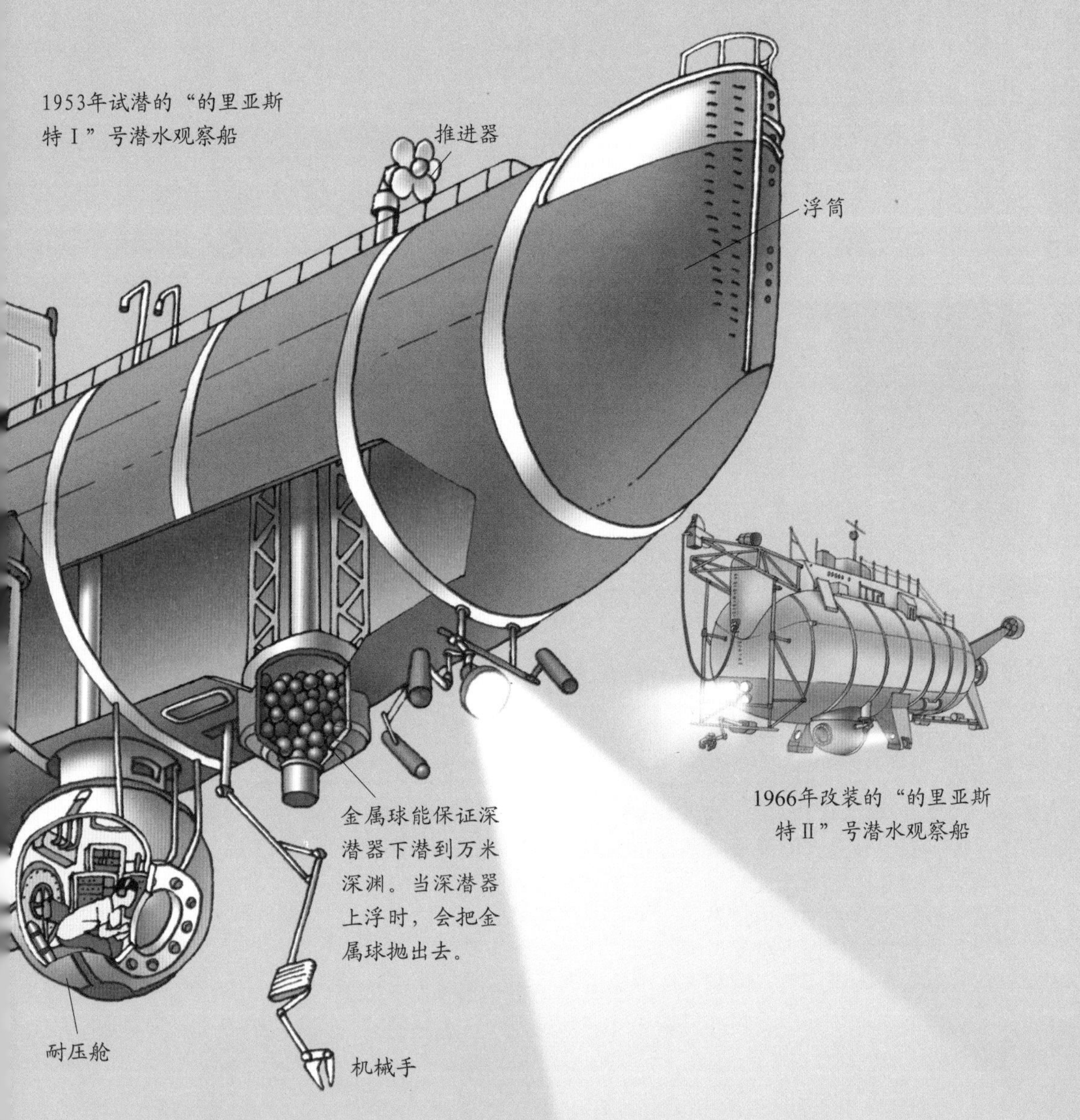

潜水观察船

潜水观察船能下潜到海平面以下 1 万多米的马里亚纳海沟，因此又称为深潜器。它是目前人类进入深海最主要的工具。潜水观察船由耐压舱和浮筒两部分组成。耐压舱里装有各种海洋观察仪器和驾驶操纵系统，供海洋考察人员进行海底观察和操纵船体。浮筒是控制船体升降的。当船体需要下潜时，就把水抽进浮筒内的压载舱中；如果让船体上浮，则把水从压载舱内排出。也可以通过抽进和排出水的多少，来控制船体上升和下降的速度。

1714年，英国人制造出了一个奇异的木桶潜水器。木桶的顶端可以打开，潜水员从顶部进入木桶。侧面有一个观察窗口，潜水员的双手能伸出桶外，进行水下作业。

顶盖

观察窗

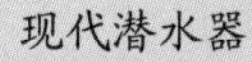

现代潜水器

潜水服

人类很早就幻想着能在水中自由地活动，并为此设计出了多种潜水装具，但都没有能很好地解决水下呼吸问题。1827年，法国人制造出了一种金属头盔式潜水服。潜水服上安装了轻便的呼吸瓶，可提供潜水员在水下所需要的氧气，这样潜水员就能在水下停留较长时间了。1939年，又出现了一种头盔、衣服和空气压缩泵联成一体的潜水服，使潜水员进入水中的深度和停留时间又增加了，这种潜水服一直沿用至今。

早期人们潜入水下，要戴一个潜水头巾，头巾连着一个长长的软管直通水面，以便在水下换气。

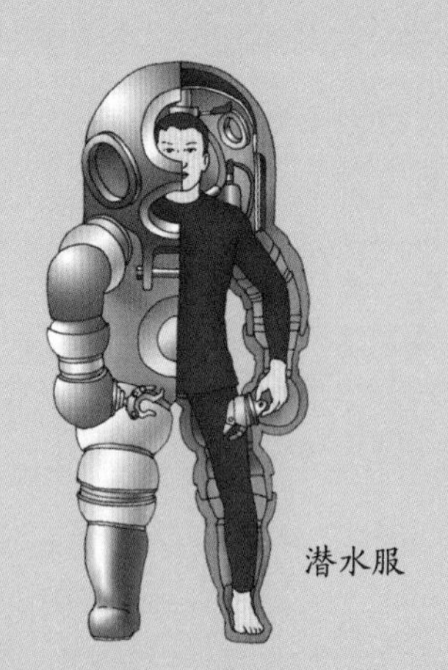

潜水服

海女与海士

海女是人们对日本古代潜水妇女的称呼。早在2000多年前，日本妇女就在太平洋沿岸海域进行潜水活动。她们潜人海底采集海贝、海藻。后来，这种称谓就泛指潜水妇女的采集活动。对于深人海底从事采集的男人，人们则称之为海士。在我国南方和东南亚地区，一些身体结实的男子多从事潜水采集活动，他们能下潜到30米深的海底，采集珍珠、珊瑚等。

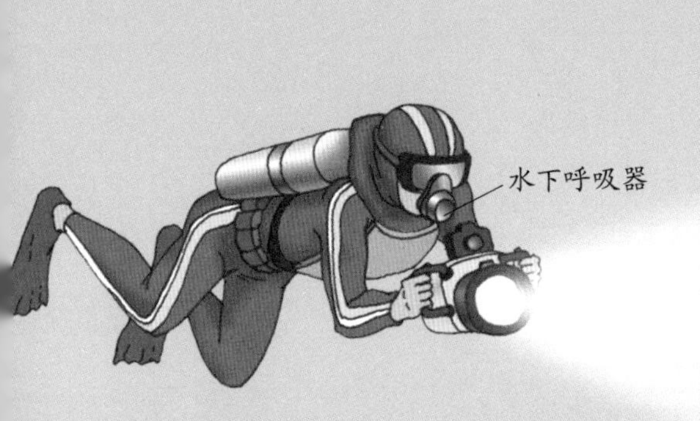

水肺

老式潜水袋的供气是通过一个软管来实现的，这就限制了潜水者的水下活动范围。1943年，两个法国人研究发明了“水肺”。水肺又称水下呼吸器，它的样式有点像防毒面具。潜水员携带着供水下呼吸用的氧气瓶，在水下吸用瓶中的氧气，将呼出的废气直接排放到周围的水中，或让废气在装具内循环使用。

19世纪制造的“西埃贝”式重力脚型潜水服

潜水病

在正常情况下，氧是唯一用于支持人体生命的气体。但是，在深潜时，过量的氧气会导致人体中毒，如果氧气太少，又会引起窒息，这就是潜水时常见的潜水病。为此，潜水员在水下一般呼吸的是混合气体，其他的气体成分作为氧的载体和稀释剂，这样就可以避免潜水病的发生了。

人类与环境

我们生活在地球上，大气、河流、海洋、土地、矿藏、森林、草原和各种生物，构成了我们生存的自然环境。多少年来，地球以其博大的胸怀和无私的奉献，养育了我们人类，可是人类却给地球环境造成了极大的破坏。我们只有一个地球，地球是人类的家园。为了人类的未来，我们要树立可持续发展的意识，建立起保护地球环境的绿色文明。

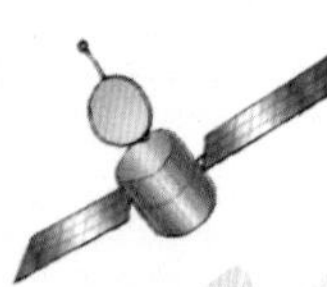

地球的大气圈，可减少宇宙空间的各种射线对地球生物造成的损害。

臭氧层

在海拔20～25千米高度的平流层中，臭氧含量相对集中，我们叫它臭氧层。臭氧层能吸收太阳光中的绝大部分紫外线，使地球上的生物免遭太阳紫外线的损伤。所以，我们说臭氧层是大气圈中的保护层。

地球的圈界

为了更好地了解地球，认识地球的自然环境，科学家们把地球划分为5个圈界，即大气圈、生物圈、水圈、土圈和岩石圈，每个圈界都有自己特殊的物质构成。其中，大气圈主要由对流层、平流层和电离层构成，它像一层厚被子，盖在地球表面上。

水圈

地球上各种形态的水构成的圈层叫水圈。它包括海洋、河流、湖泊、沼泽、冰川中的水，土壤和岩石孔隙中的水，以及地下水、岩浆水、聚合水等。水圈是自然界生物生存的必要条件之一。

生物圈

地球上的所有生命和生命活动比较集中的范围，称作生物圈。它从地球表面算起，上到大气的平流层，下到10多千米的地壳深处。地球上的绝大多数生物，生活在陆地之上和海洋表面以下约100米的范围内。地球上之所以能形成生物圈，是因为在这样一个薄层里，同时具备了生命存在的4个条件：阳光、水、适宜的温度和营养成分。

脆弱的生态环境

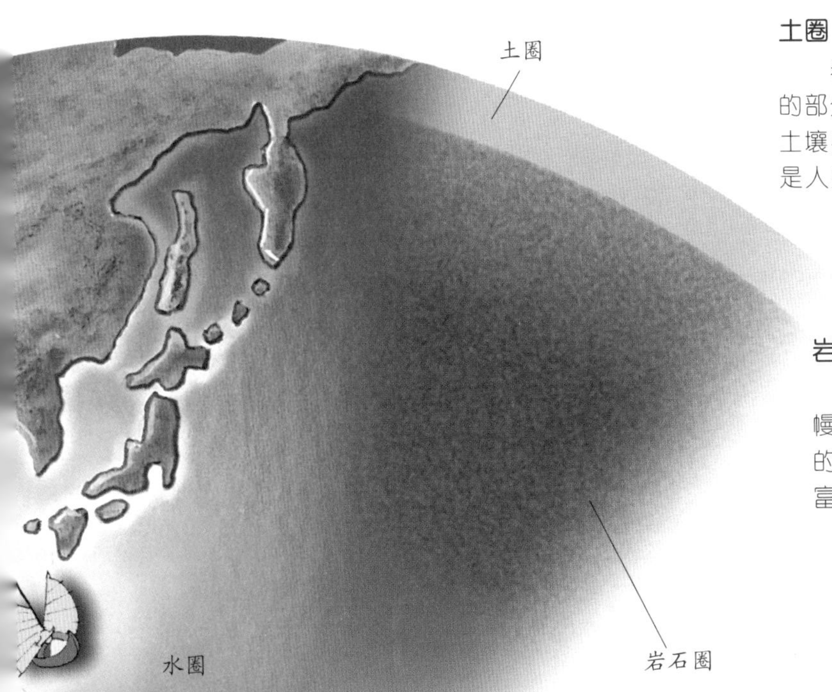

土圈

岩石圈最外面的一层疏松的部分叫土圈，也叫土壤圈。土壤养育了植物和动物。土地是人类最宝贵的资源之一。

岩石圈

岩石圈由地壳和上地幔顶部组成，是地球表面的固体部分。它蕴藏着丰富的矿物质。

海洋构成了地球上最大的生态系统

温带森林位于地球上不太冷也不太热的地区

草地多分布在亚洲、南美洲、北美洲和非洲等地。

沙漠多分布在南美洲、北美洲、亚洲、非洲和澳大利亚。沙漠地区少雨、灼热。

生态系统

植物、动物等生物群落，与其生存的自然环境共同组成了一个生态系统。生存的自然环境包括地下的岩石和地表的土壤、水及地面上的空气等元素。生态系统主要根据气候条件分布于全球各个地方，包括极地、温带森林、热带雨林、湿地、草地、沙漠、海洋、城市和村镇等元素。

环境污染

环境污染

有害物质进入环境后，破坏了环境，从而对生物圈中生物的正常生存和发展产生不利的影响，这就是环境污染。环境污染可以是人类活动的结果，也可以是自然活动的结果，或是上述两类活动共同作用的结果。通常所说的环境污染主要是指人类活动导致的环境污染。

可持续发展

人类社会的发展与环境密不可分。人类要想永葆生机，就要把保护环境与合理地利用资源有机地结合起来，并且通过先进的科学技术，加速开发替代性资源和新能源。在提高人们生活质量的同时，尽量减少环境污染，保护生态环境。这样，人类才能不断地繁衍下去。

大气污染和治理

人类进入工业化社会后，工业文明为人类创造了巨大的物质财富，同时也把数以亿吨计的烟尘排放到大气中。这些有害物质在大气中积聚，就会形成酸雨、产生温室效应、破坏臭氧层，直接威胁人类的生存和发展。因此，治理大气污染已成为人类保护生态环境的一项重要任务。

生活用的煤炉会排放白烟和黑烟

认识烟尘

常见的烟尘主要是黑烟和白烟。一般发电厂烧煤冒出的是含碳氧化物和二氧化硫的白烟和黑烟。水泥厂冒出的是含大量灰粉的白烟。钢铁厂冒出的烟，因含氧化铁而呈红色。化工厂冒出的烟，因含氮氧化物和硫化物而呈黄色。

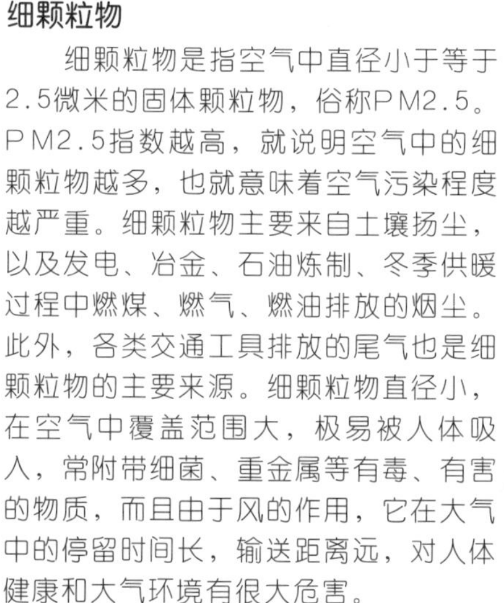

细颗粒物

细颗粒物是指空气中直径小于等于2.5微米的固体颗粒物，俗称PM2.5。PM2.5指数越高，就说明空气中的细颗粒物越多，也就意味着空气污染程度越严重。细颗粒物主要来自土壤扬尘，以及发电、冶金、石油炼制、冬季供暖过程中燃煤、燃气、燃油排放的烟尘。此外，各类交通工具排放的尾气也是细颗粒物的主要来源。细颗粒物直径小，在空气中覆盖范围大，极易被人体吸入，常附带细菌、重金属等有毒、有害的物质，而且由于风的作用，它在大气中的停留时间长，输送距离远，对人体健康和大气环境有很大危害。

燃煤电厂排放的烟尘

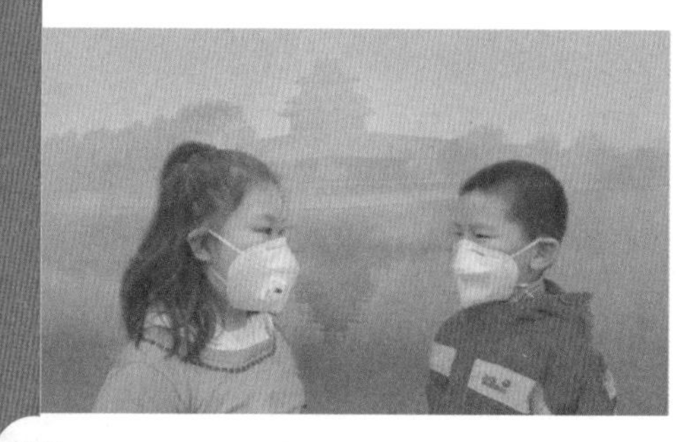

雾霾

霾是指空气中因悬浮着大量烟、尘等微粒而形成的混浊现象。霾的主要物质是空气中悬浮的灰尘颗粒。它们与雾气结合在一起，使天空瞬间变得灰蒙蒙的。雾霾是一种灾害性天气，空气中的有毒颗粒被吸入人体后，会引起呼吸系统、心血管系统疾病，还会诱发肺癌、心肌缺血及损伤等。雾霾时常会引发交通事故。

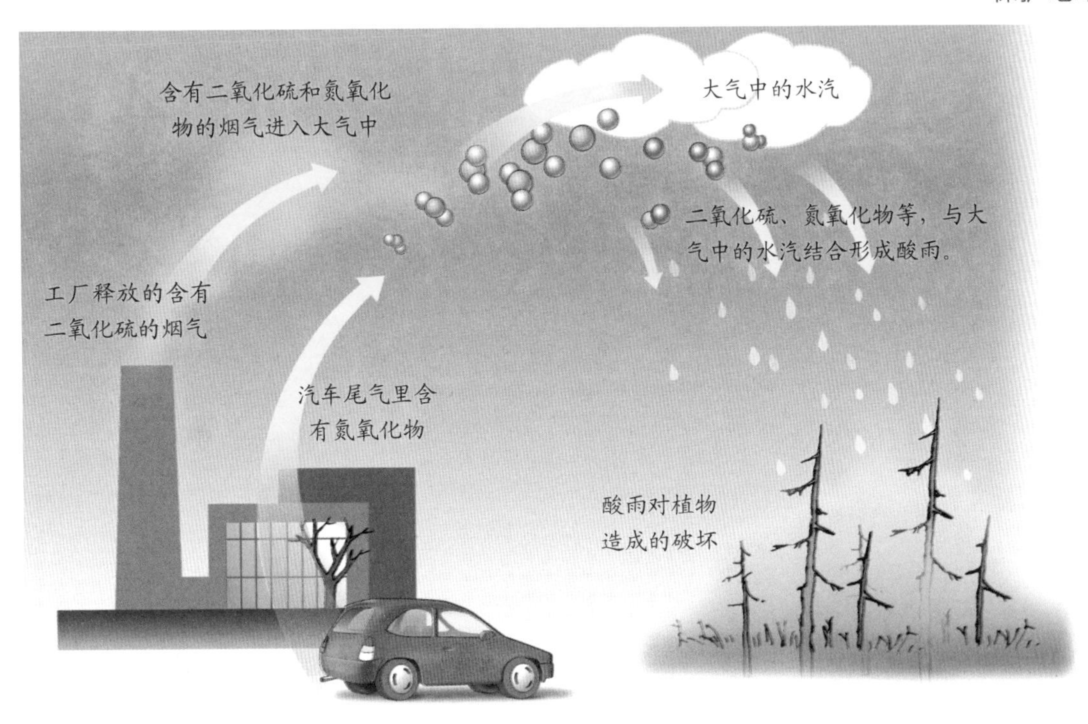

符合排放标准的烟气排入大气

酸雨的危害

呈酸性的雨、雪或其他形式的降水都被称作酸雨。酸雨的破坏力很大。受到酸雨侵害的农作物，产量下降，甚至颗粒无收。被酸雨淋过的森林、树木会枯死。酸雨可使土壤酸化，影响植物的生长。酸雨对建筑物、金属物品、皮革等也有很强的腐蚀作用。

光化学烟雾

汽车尾气造成的另一种污染是其形成的光化学烟雾。汽车尾气中的氮氧化物和碳氢化合物，在强烈的阳光照射下，会发生一系列化学反应，生成有害的光化学烟雾，对人体健康造成危害，还能使植物枯死。

工厂排出大量的废烟尘

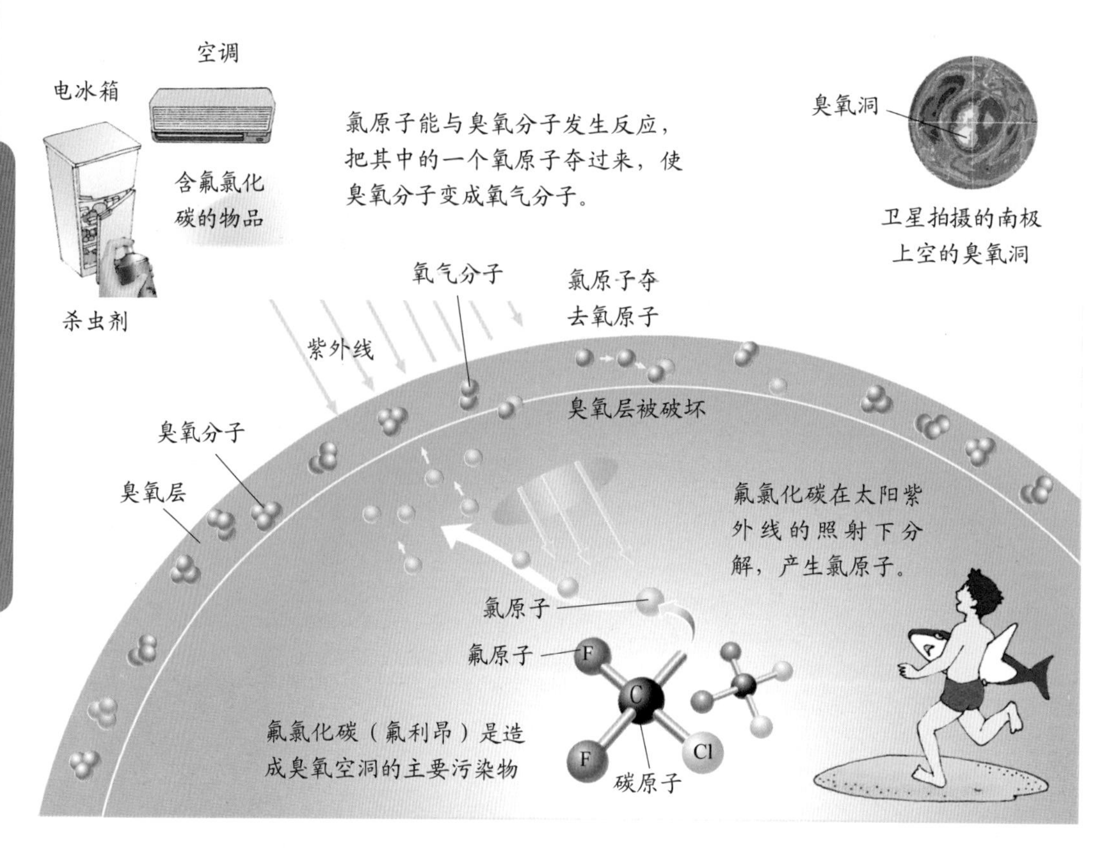

臭氧层破坏后的危害

臭氧层遭破坏后，有害的紫外线就会直射到地面，使人类皮肤癌患者增多，农作物减产，海洋生物逐渐死亡。为避免臭氧层的破坏，首先要减少和停止使用氟氯化碳类化学物质，还要积极开发、研究氟氯化碳的替代品，如生产和使用无氟冰箱等。

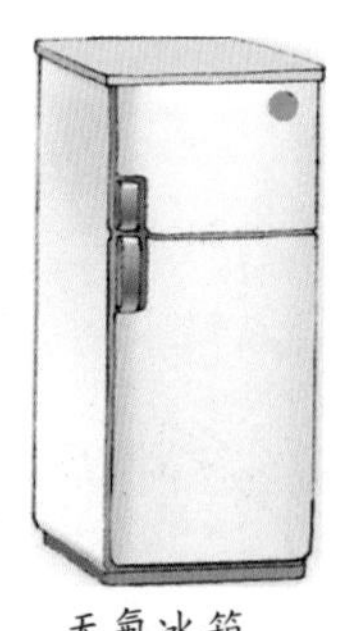
无氟冰箱

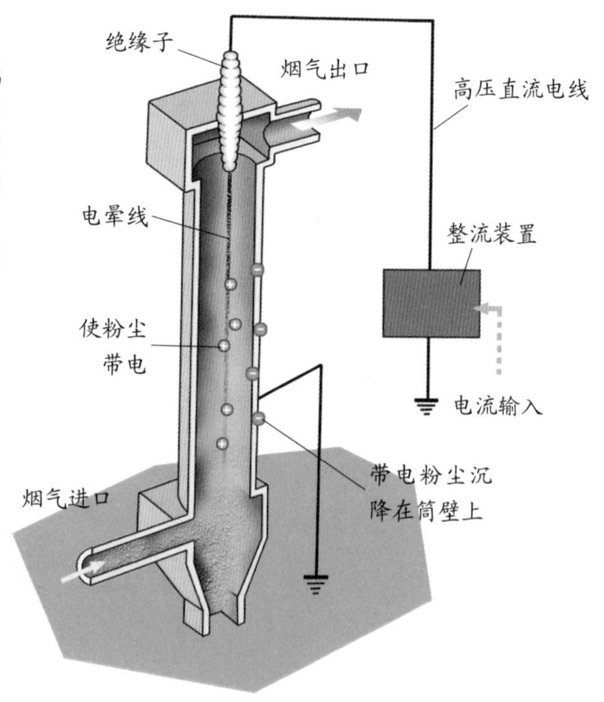

对烟气进行过滤清洗

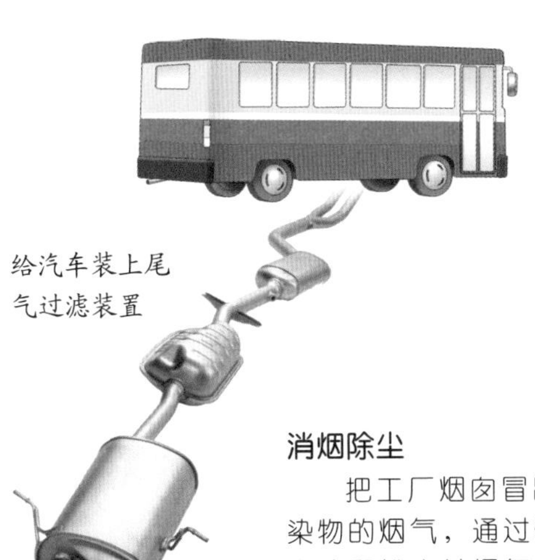

给汽车装上尾气过滤装置

核能发电

消烟除尘

把工厂烟囱冒出的含有粉尘、二氧化硫等污染物的烟气，通过特定的装置进行净化，使二氧化硫和粉尘从烟气中消除和分离出来。净化后的气体再从烟囱排出。

使用天然气烧饭

使用太阳能灶

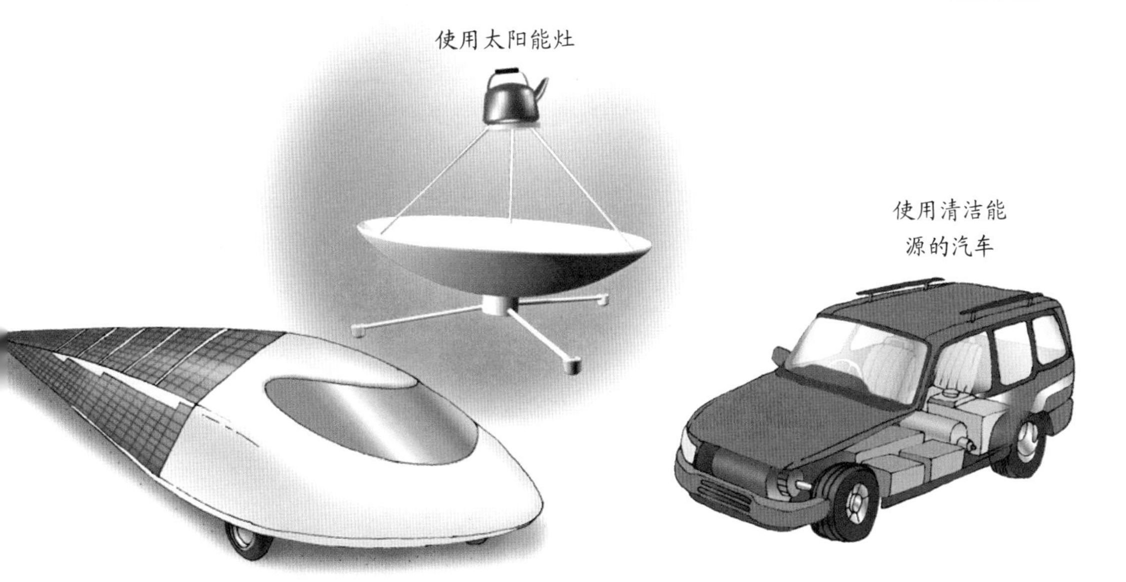

使用清洁能源的汽车

新型太阳能汽车

利用风力发电的风力场

使用清洁能源

为了保护大气环境，防止大气污染，21世纪所使用的能源，应主要为天然气、核能、太阳能、风能、地热能、潮汐能和海洋能、生物能（沼气）等清洁能源。

水源污染和治理

水是大自然赐予人类的宝贵财富，也是人类生存的命脉。可是人类在生活和生产活动中，不仅消耗了大量的水资源，同时又将污水和污染物质，排入清洁的水体，使海洋、湖泊、河流失去了往日的清波碧浪。水体污染带来的后果，已经向人类敲响了警钟。

工业废水

工厂排放的工业废水中含有多种污染物质。其中钢铁厂、焦化厂和炼油厂的废水中，一般含有酚、氰类化合物；化工厂、化纤厂、农药厂、皮革厂等的废水中含有砷、汞等有害物质。这些工厂都是水体的重要污染源。

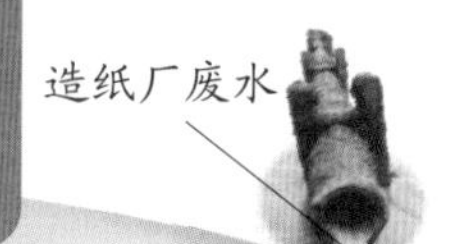

造纸厂废水

化工厂废水

工业废水流入水体后，使水变黑、变臭，水质下降，无法饮用。

生活污水

不要将工厂废水和生活污水排入江河，要把它们引入污水处理厂。

农药随水的挥发进入大气，又形成雨降至地表，使河水受到污染。

水污染引发的赤潮

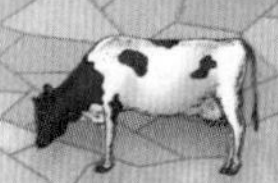

含有农药的水流入江河

农药残存在粮食作物中

奶牛吃了受污染的饲料，牛奶和牛肉中都会含有有害成分。

水源污染造成大量鱼类死亡，同时也使一些鱼类带有毒性。

人食用了受污染的粮食、鱼和牛奶、牛肉，健康将受到影响，严重的会中毒身亡。

农业化学污染

喷洒在农田里的农药和化肥被雨水冲刷后，随地面水流入河流、湖泊或近海水域，使水体中氮、磷等污染物含量超标，造成水体的污染。

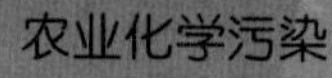

石油对水体的污染

在被石油污染的水面上挣扎的水鸟

水的危机

21世纪，世界上有许多国家正面临淡水资源危机。其中26个国家的3亿多人正生活在缺水的状况中。我国600多个城市中，有一半城市缺水，有100多个城市严重缺水。

在发生水源污染的地区，人们用水困难，只好排队取水。

生活污水

生活污水主要指人们洗衣、洗菜、洗澡、洗脸等活动产生的废水。这类废水中含有大量的氮、磷等成分，是湖泊和近海海域发生赤潮的主要原因。

污水处理厂

城市污水包括部分工业废水和居民生活污水。污水处理厂利用各种方法，将污水中的污染物质分离或转化成无害的物质，使污水得到净化。

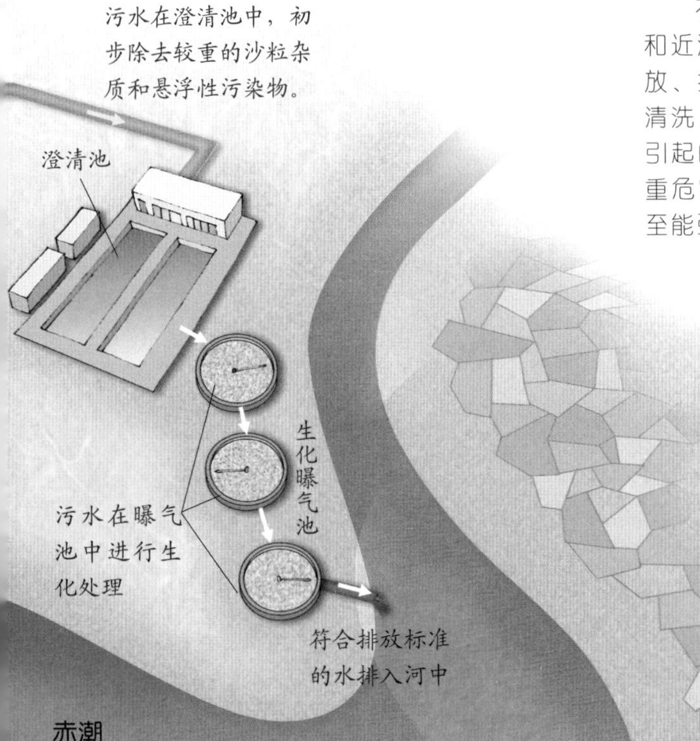

石油对水体的污染

石油对水体的污染通常发生在河口和近海海域，主要是由石油工业废水排放、拆船业废水排放、石油运输船只的清洗、油船意外事故，以及海上采油等引起的。它不仅破坏了滨海风景，还严重危害水生生物，尤其是海洋生物；甚至能引发大火，危及桥梁和船只。

赤潮

含有大量的氮、磷等物质的污水流进湖泊和海湾，遇到合适的气候和水文条件，会使水中的藻类等浮游生物急剧增殖，一夜之间，湛蓝色的海水中布满红色的浮游生物，这就是赤潮。赤潮通常发生在湖泊和海湾处。它可导致水中缺氧，直接影响渔业生产，甚至还会影响人体的健康。

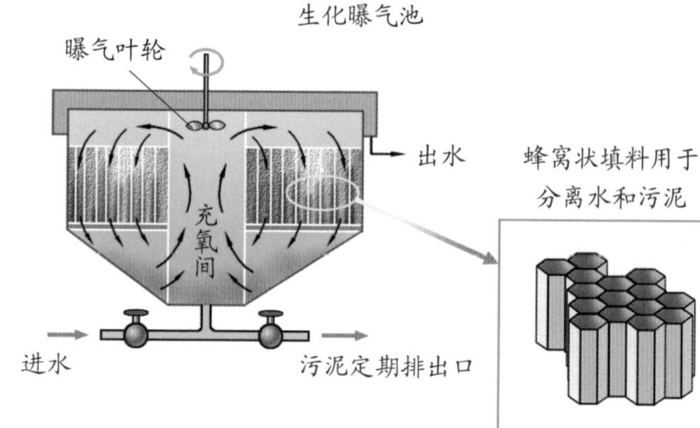

曝气池

曝气池是对污水进行生化处理的装置。污水进入曝气池后，与池中的活性污泥进行有机反应，有害物质被分解成无害物质，待水澄清后再排放出去。

污水经过处理后达到无害化的水叫再生水，充分利用再生水可节约水资源。

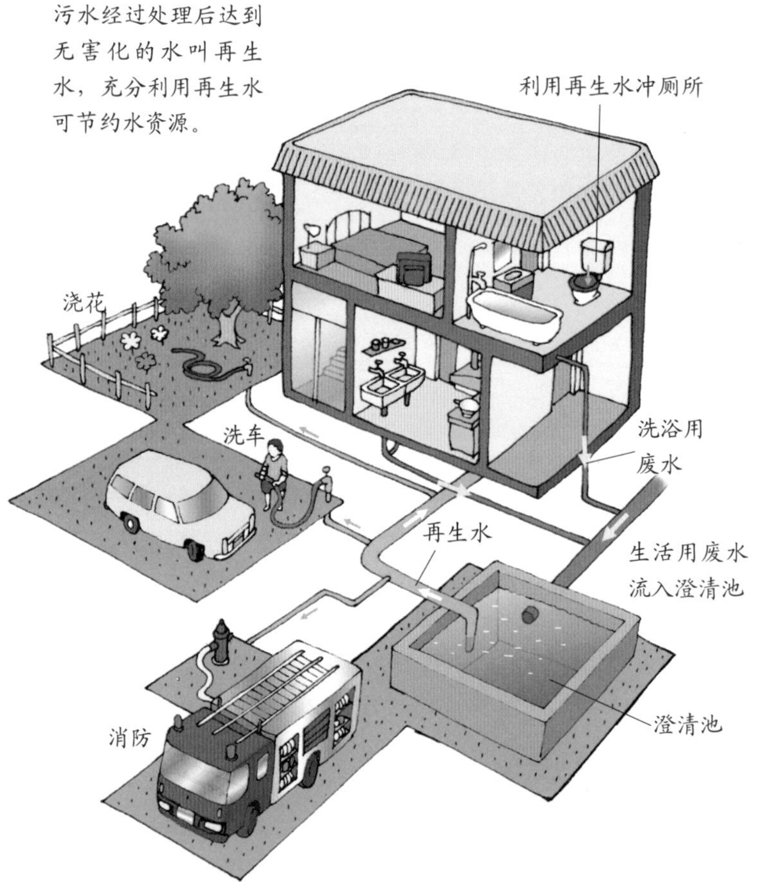

生活用水再利用

将住宅区里的洗脸、洗澡、洗菜等生活用水集中起来，经简单处理后可用于冲洗厕所、汽车或地面，也可用于绿化和消防等，从而达到节约用水的目的。

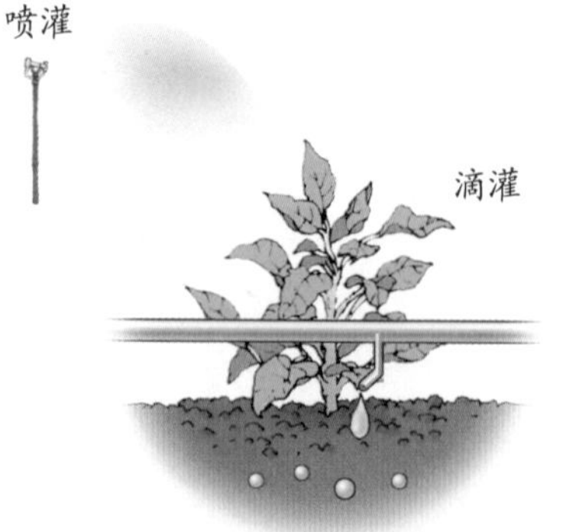

农业管道化灌溉技术

农业管道化灌溉技术是目前农业节约用水的最先进的技术。它包括喷灌、滴灌、渗灌和各种地面管道灌溉。管道输水灌溉不但可以防止水渗漏和不必要的蒸发，节约用水，还可减少化肥和农药的流失，减少化肥和农药对水体的污染。

垃圾危害和治理

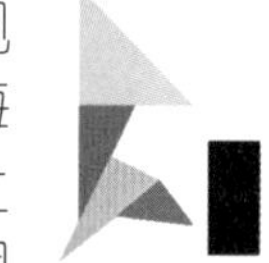

我们尽情地享受现代化的物质生活时，不要忽视了另一种“现代化物质”正向我们围逼过来，这就是垃圾。据统计，全世界每年生产垃圾约450亿吨，而且数量还在不断上升。垃圾不仅侵占土地，破坏城市环境卫生，也是大气和水体污染的主要污染源。因此，垃圾治理已成为人类社会发展要解决的一个重要课题。

威胁人类生存的垃圾山

白色污染

各种食品包装袋、一次性餐盒和塑料袋等塑料废物，都属于白色污染物，白色污染现已成为全球性的环境公害。一般塑料制品在自然界中，要经过200～400年才能被彻底分解。将其掩埋在土壤中，会妨碍农作物生长；若牲畜误吃了它们，轻者消化系统得病，重者死亡；如焚烧它们，会释放大量有毒气体。因此，对废塑料的治理是环境保护的又一项新课题。

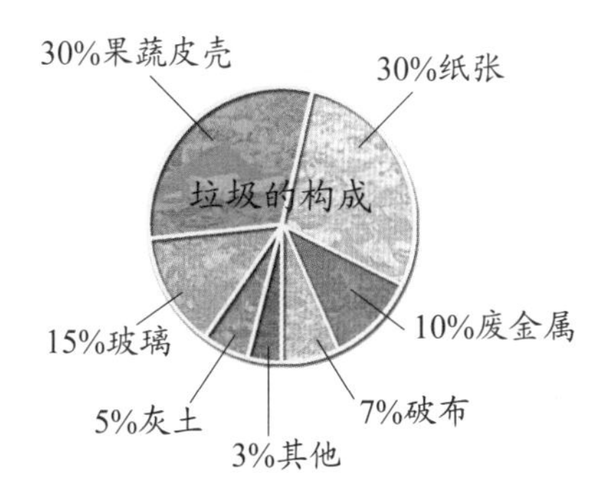

生活垃圾的构成

垃圾就是固体废物。除工农业生产中产生的固体废物外，我们接触最多的是城市中的生活垃圾。这些垃圾中，通常纸张占30%，果蔬皮壳占30%，玻璃占15%，废金属占10%，灰土占5%，破布占7%，其他杂物占3%。一些大型耐用消费品，如汽车、电视机、电冰箱、洗衣机等报废后也成为垃圾。

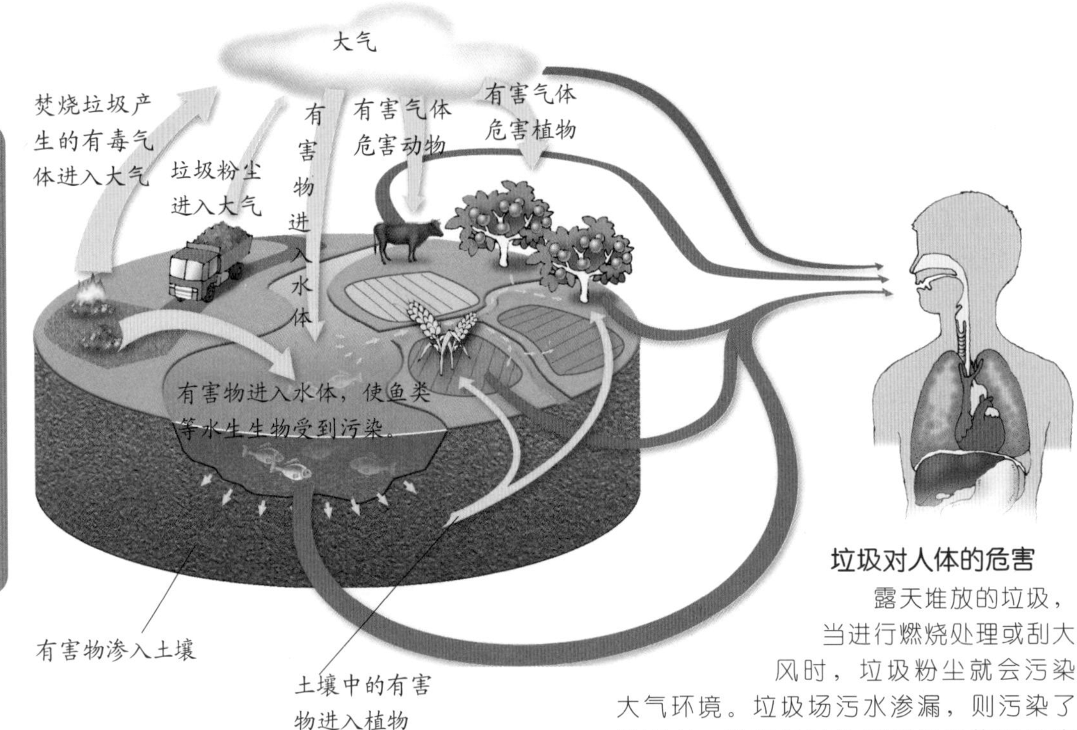

垃圾对人体的危害

露天堆放的垃圾，当进行燃烧处理或刮大风时，垃圾粉尘就会污染大气环境。垃圾场污水渗漏，则污染了地下水。没有经过处理的垃圾施用于农田，将污染农作物和蔬菜，人吃了受污染的粮食、瓜果和蔬菜，就容易生病。

废电池的污染与回收

废旧电池具有长期的、潜伏性的危害。种类繁多的电池中，危害最大的是镉电池和汞电池。因此，废旧电池不要随便乱丢，要积攒起来进行回收。研究证明，电池中的有毒物质渗入到水中，会污染水体；与垃圾一起焚烧，会污染大气；如果倒入海里，将危及海洋生物的生命。

垃圾的卫生填埋

对不可利用的垃圾进行填埋，是人们广泛采用的处理城市垃圾的方法。基本操作步骤是：铺上一层垃圾并压实后再铺上一层土，逐次这样铺垃圾和土，形成夹层结构。可有计划地利用废矿坑进行垃圾填埋，然后将其改造成公园、绿地。

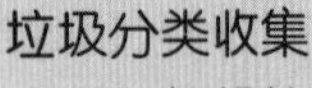

垃圾分类收集

一般将垃圾分为可回收的和不可回收的两类进行分类投放。可回收的垃圾包括废玻璃、废纸、废金属、废塑料、废电池等。

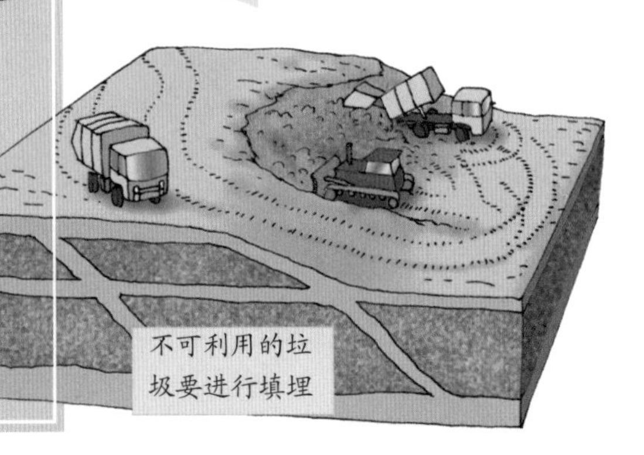

用有机物垃圾制成复合肥料

废钢铁回炉炼出新的钢材

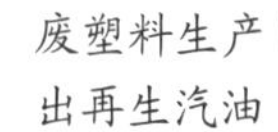

废塑料生产出再生汽油

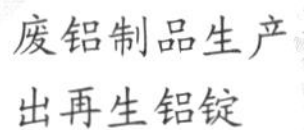

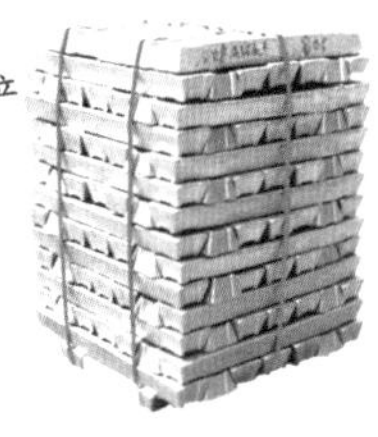

废铝制品生产出再生铝锭

废玻璃再生出玻璃器皿

利用废纸生产再生纸

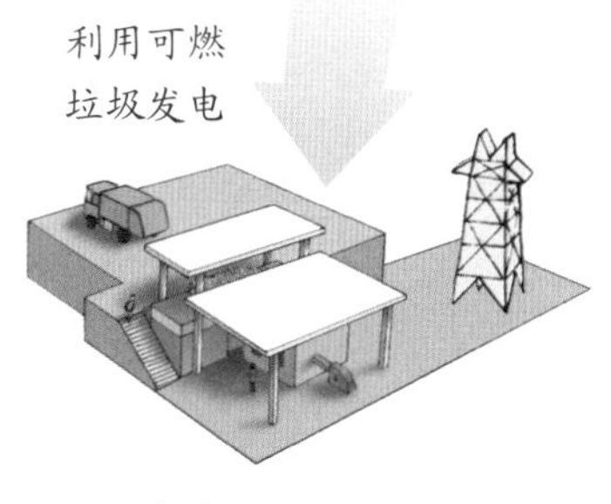

利用可燃垃圾发电

废纸的再生

回收1吨废纸能生产再生纸800千克，可以少砍17棵大树，节省3立方米的垃圾填埋空间，还可以减少因造纸而产生的废水。每张纸至少可以回收两次。

废纸第一次回收后，可再造成书籍纸、稿纸、便条纸等。第二次回收后，还可以制成包装纸盒。

用垃圾发电

将城市的可燃垃圾焚烧，产生的热量可用于发电，供附近居民使用。焚烧后的残灰不到垃圾原体积的5%，大大减少了垃圾量，还可以消灭各种细菌、病毒，把一些有害物质转化为无害物质。

垃圾的回收利用

做好垃圾的回收和再利用，不仅能解决环境污染问题，也为人类生产和生活开辟了新的物质资源。如废纸可生产再生纸；废汽车可回收废金属、废轮胎、废塑料部件；废塑料可生产再生汽油；废电池可提取其中的锌等稀有金属；废钢铁可进行熔炼再生。

噪声危害和治理

噪声是不同频率和强度的声音杂乱组合形成的，它是人所不需要的声音。衡量声音强弱的单位是“分贝”。适合人类生存的最佳声环境为15～45分贝。60分贝以上的声音就会干扰人的生活和工作。噪声容易使大脑神经细胞老化或遭到损害。因此，噪声也是一种环境污染源。

交通噪声

现代化的交通工具在带给人们方便的同时，也带来了它的负面影响。行驶中的各种机动交通工具，不仅会排出尾气，污染大气，也是城市噪声的主要声源。

汽车在行驶中噪声是80～90分贝，高速公路上的车流产生的噪声可接近100分贝。

生活噪声

人们接触最多、接触时间最长、治理最困难的是生活和社会活动所造成的噪声，如娱乐场所、商店、运动场所的噪声等。

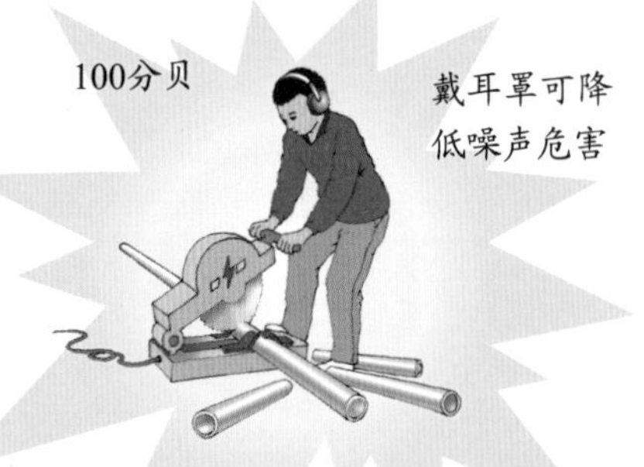

噪声的危害

噪声最直接的危害是影响人们的睡眠和休息。噪声还能引发噪声病，以神经系统的症状最明显。长期处于噪声环境中，会出现头晕、头痛、失眠、易疲劳、爱激动、记忆力衰退、注意力不集中等现象，并伴有耳鸣、听力减退等症状。

工业噪声

工厂的机器在工作时，会发出持续不断的高强度噪声。建筑工地上的推土机、打桩机、搅拌机启动后发出的声响更是震耳欲聋。这些都属于工业噪声。

高音喇叭发出的高分贝噪声，可使鲜花枯萎、鸡毛脱落。

噪声污染的治理技术

噪声与其他污染不同之处是，一旦噪声停止，污染便会消失，危害也随之消失。对烦人的噪声，可采用隔音室、吸音板、耳罩和隔音墙等防噪措施，将噪声的强度减弱，从而达到治理噪声污染的目的。

采用有吸音和消声作用的材质制作吊顶或墙面，使室内噪声强度减小。

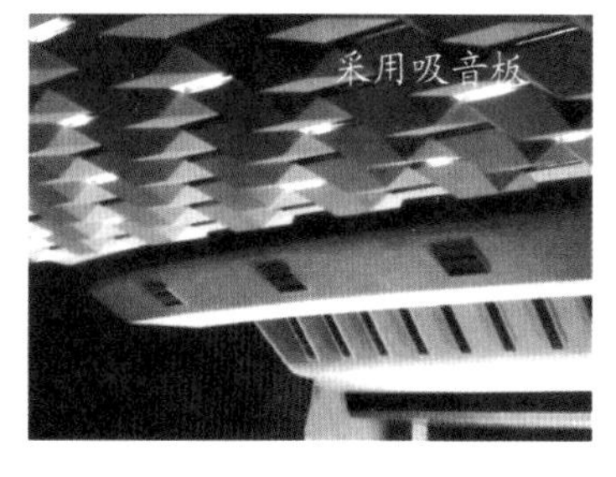

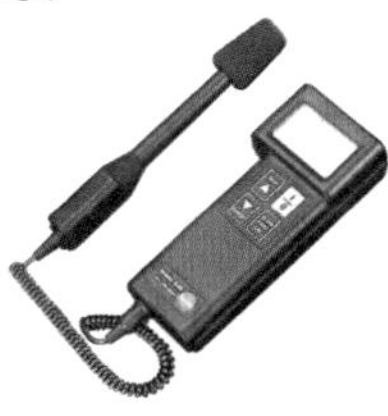

可以随时测量噪声的声级计

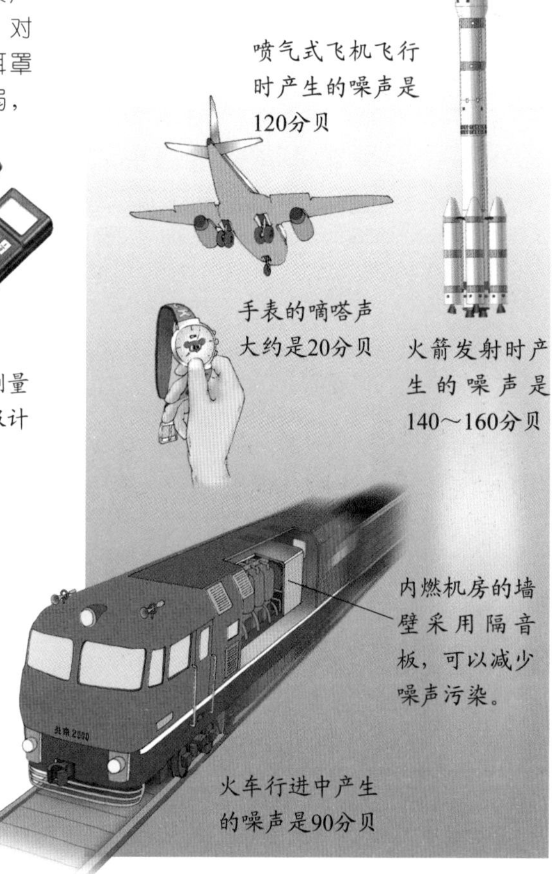

喷气式飞机飞行时产生的噪声是120分贝

手表的嘀嗒声大约是20分贝

火箭发射时产生的噪声是140～160分贝

内燃机房的墙壁采用隔音板，可以减少噪声污染。

火车行进中产生的噪声是90分贝

隔音墙

公路离城市居民住宅太近，每天汽车不分昼夜地行驶，道路噪声对居民生活影响很大。可在公路边建起隔音墙，利用声波的反射原理，使道路上产生的噪声在墙壁上不断反射，能量逐渐消耗掉，噪声污染也就减小了。

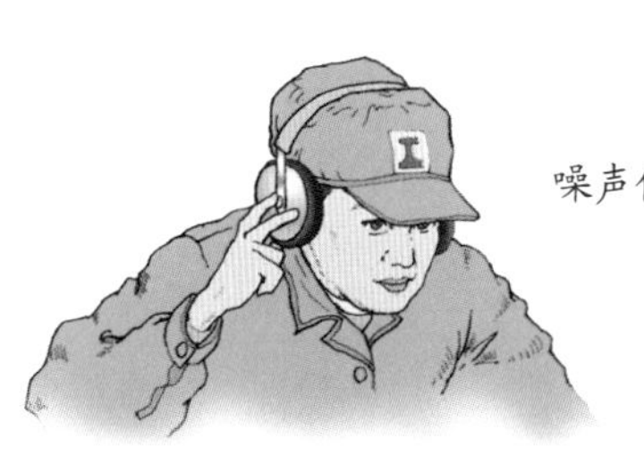

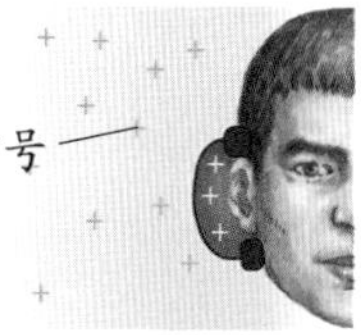

普通耳罩只能隔绝部分噪声信号

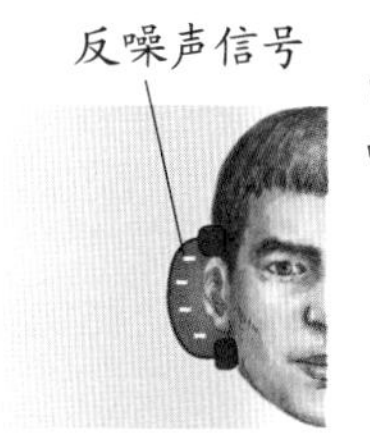

特殊的耳罩产生一种反噪声信号

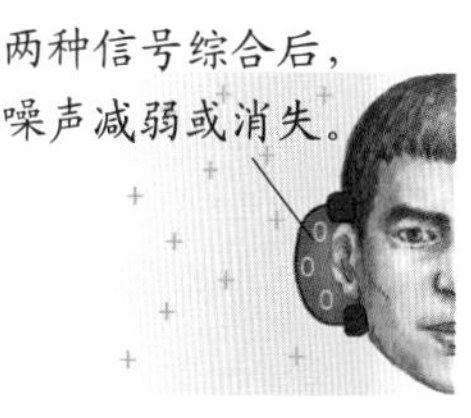

噪声信号与反噪声信号相互抵消

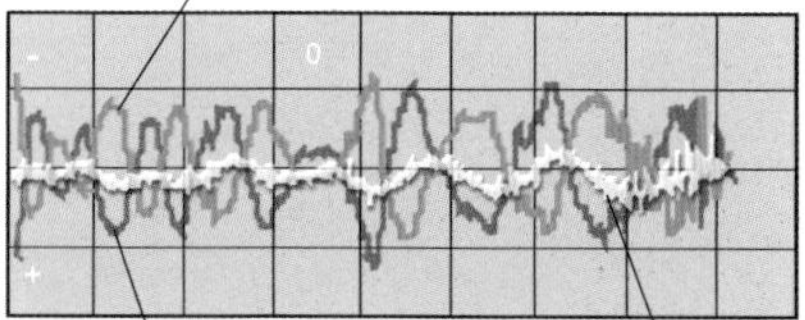

新型特殊耳罩

过去人们采用普通耳罩来隔绝部分噪声信号。随着高新技术的发展，出现了控噪、抗噪的新型耳罩。这种特殊耳罩可产生一种反噪声的信号，反噪声信号与噪声信号相互抵消，就会使进入人耳的噪声信号明显减弱。

陆上丝绸之路

人们常说的陆上丝绸之路，东起长安，越过黄河循河西走廊至敦煌，出敦煌后，分三条路线向西伸展。北路的终点是东罗马帝国的首都君士坦丁堡，也就是今天土耳其的著名城市伊斯坦布尔。在漫长的岁月里，丝绸之路为贯通欧洲与亚洲的交往，传播科学文化，产生了深远的影响。一批杰出旅行家的名字，也由此永存史册。

敦煌壁画上的“张骞出使西域图”，表现了汉武帝带领群臣，到长安郊外为张骞送行的情景。

张骞出使西域

陆上丝绸之路的开拓，早在春秋战国时期就开始了。但贯通欧亚内陆的东西方交通要道——西域丝绸之路，是在张骞出使西域之后才逐渐形成的。我国汉代时，玉门关和阳关以西，也就是今天新疆及其以西的广大地区，被统称为西域。公元前139年，汉武帝派张骞出使西域，联合原居住在河西走廊的月氏人，共同抗击匈奴人。虽然这次行动没有成功，但张骞却了解了有关西域的许多情况。公元前119年，张骞再度出使西域。他率领一个庞大的使节团，带着大量的黄金和丝织品到达乌孙，也就是今天的新疆伊犁河流域。这次他们取得了很大成功。因此，古人称张骞开辟了通往西域的道路。

敦煌是丝绸之路上的重镇，位于敦煌的鸣沙山相传为流沙积聚而成，沙石摩擦，轰响如雷，故此得名。

玄奘取经回长安时，受到隆重的迎接。

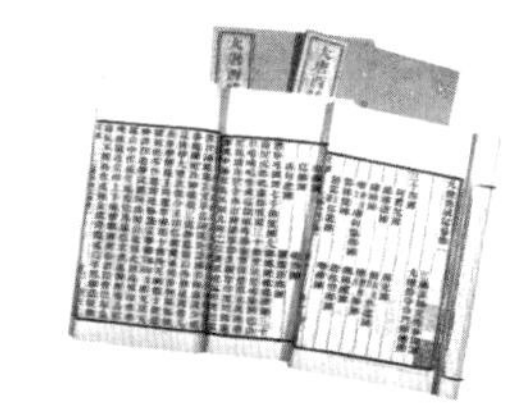

玄奘把他西行时的沿途见闻口授给弟子，由他的弟子编撰出了《大唐西域记》一书。

大雁塔

公元652年，玄奘为了贮藏他带回的佛经，在长安修建了大雁塔。

玄奘西行取真经

玄奘是我国唐代著名僧人，原名陈祎，洛州人，即今河南偃师市人。他13岁出家，刻苦学习佛教经典。公元629年秋，玄奘从长安出发，沿丝绸之路西行，出玉门关，经戈壁沙漠，穿过中亚，后经巴基斯坦北部进入印度，大约在公元631年末，终于到达印度的佛教中心摩揭陀（今印度比哈尔邦境内）。此次西行，他遍访了名师巨刹，费时16年，于公元645年回到长安。

历史名城西安

丝绸之路的起点

现在的陕西省省会西安，古称长安。在中国历史上，先后有11个封建王朝在这里建都。古代连接欧亚两大洲的丝绸之路，就是以长安为起点的。在漫长的历史进程中，长安古城对东西方的友好交往，一直起着极为重要的作用。

东西方文化的使者

13世纪，意大利著名旅行家马可·波罗，从他的家乡威尼斯出发，经陆上丝绸之路来到北京（元大都）。他在中国居住了17年，于1292年在福建刺桐城（今泉州市）上船，经海上丝绸之路，返回了欧洲。由他口授编撰出的《马可·波罗行记》，介绍了他在中国等地的见闻。这本书对后来欧洲兴起的地理大发现起了一定作用，被人誉为“世界一大奇书”。

13世纪的威尼斯

1271年，年满17岁的马可·波罗和他的父亲、叔叔一起，从威尼斯启程前往东方。

丝绸之路北路的终点

丝绸之路北路的终点是君士坦丁堡，就是今天土耳其最大的城市伊斯坦布尔。伊斯坦布尔是黑海出入地中海的门户、欧亚交通要道，也是当时地中海东部政治、经济和文化的中心。它始建于公元前660年，古代又称拜占庭，成为东罗马首都之后，改称为君士坦丁堡。

君士坦丁堡城内著名的圣索菲亚教堂

高昌故城汉代又叫高昌壁，公元5世纪时的高昌国都，是敦煌以西丝绸之路北道上的重镇。今已成废墟。

阳关

高昌故城

嘉峪关是万里长城的西端，位于河西走廊的西部，也是丝绸之路上东西交通的要冲，于公元1372年建关，被誉为“天下雄关”。

玉门关

玉门关是汉代建立的重要关口，在今敦煌市城西北约90千米的戈壁滩上。从玉门关向西直抵罗布泊，向西北达吐鲁番，它是丝绸之路北路的关隘。

嘉峪关

酒泉

酒泉是河西走廊的一个重镇。相传公元前2世纪，霍去病打败匈奴，驻兵在此，汉武帝赐酒庆功，因为酒不够，霍去病把酒倒入泉中，然后和士兵一起痛饮泉水，此地便得名酒泉。

敦煌莫高窟

在人类文明史上，丝绸之路像一条闪耀着人类智慧之光的项链，敦煌则是这条项链上的一颗明珠。敦煌莫高窟是世界上现存规模最大的佛教艺术宝库之一。

海上丝绸之路

我们的祖先在很早的时候，就把对外贸易活动和征服海洋联系在了一起。早在公元前，我国已有东海和南海两条航线。东海航线通往朝鲜和日本，南海航线驶往东南亚和印度洋。到了公元13世纪，随着航海船舶和航海技术的进步，海上航线已能达欧洲、非洲各地。于是，我国对外政治、文化、贸易交往逐渐由陆路转向了水路。这便是后人所称的海上丝绸之路。

徐福东渡

公元前219年至前210年，秦始皇统一中国后，为了使自己长生不老，他下令派遣居住在琅琊郡（辖境相当于今山东半岛东南部）的徐福，为他到东海去寻找仙草。徐福率领3000名童男童女以及工匠等，沿着东海航线向东航行。民间传说徐福一行人到了日本，没有找到仙草，却在那里安下家园，由他带去的先进生产工具，在日本传播开来。现在日本还保留着多处徐福遗迹，并流传着很多有关徐福的故事。许多日本人认为，日本的织锦技术就是当年徐福带来的。徐福称得上是中国海上丝绸之路的最早开拓者。

徐福

在日本佐贺郡诸福町，有一个地方名叫“浮杯”。传说当年徐福漂流到此海域，将一酒杯放入海中。酒杯在前漂浮引路，徐福一行随杯前进，在杯停止不走处，他们登陆上岸了。此地至今还立着一个木制地标，名为“徐福上陆地”。

东大寺

鉴真（688～763）

鉴真和尚到日本后，先在奈良的东大寺为日本佛教徒授戒，后又在奈良建唐招提寺，继续弘扬佛法直至去世，他的墓就坐落在唐招提寺内。

鉴真东渡

鉴真是我国唐代扬州人，从小出家为僧，具有文学、艺术、医学、建筑等方面的素养。中年之后，他出任大明寺住持。唐天宝二年（公元743年），日本来华留学的僧人专程到扬州请鉴真东渡传教。于是，鉴真带领弟子、工匠多人，十年内先后六次东渡。前五次都因遭遇海上风浪而失败了，在第五次东渡时，鉴真又因病双目失明。天宝十二年（公元753年）他第六次东渡，终于到达日本。此时的鉴真已是66岁的高龄，但他终于实现了“弘法兴化”的宏愿，日本人称他为“过海大师”。

鉴真和尚由此出发东渡日本

日本派遣使者到中国

日本遣唐使

在唐代，日本多次派遣唐使通过东海航线到达中国。他们中有留学生、医师、画师和工匠等。他们到达中国后，不仅受到唐朝官府的赏赐，还全面地学习了中国的经学、佛学、医学、文学、艺术、天文、历法、手工业以及法律、风俗等。回国后，他们中许多人参与了国政，并把唐代的文化制度介绍到了日本，对日本的文化发展起了很大的作用。

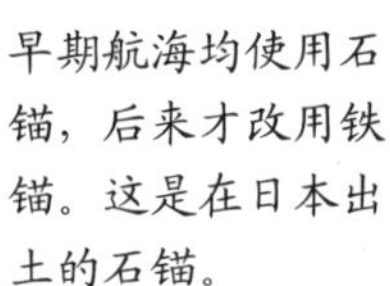

早期航海均使用石锚，后来才改用铁锚。这是在日本出土的石锚。

龙泉窑凸花大尊

瓷器

宋元时期，海上丝绸之路贸易的大宗商品以瓷器为主。尽管中国瓷器出口量大得惊人，却还是远远不能满足需求，导致其一运到国外，立即身价倍增，价比黄金。为此，世界各国一些有心的商人和制瓷工匠来到中国，通过各种途径学习中国的制瓷技艺。在中国瓷器的影响下，世界各国的制瓷工艺从仿制到创新，均有了极大的进步，从而一定程度上促进了当地文化的兴盛与经济的发展。

市舶司

宋代的造船技术十分发达，所造海船载重可达300吨。与宋王朝有海上贸易的国家达五六十个，进出口货物在四百种以上。因此，当时政府设置了市舶司，来管理诸多对外贸易事务。市舶司主要负责检查商人船只，向商人征收进口税，以及对非禁榷品实行收购等。市舶司是现代海关的前身，它见证了中国宋代海上贸易的繁荣。

1974年出土的泉州湾宋代海船

郑和的功绩

1407年（永乐五年）9月和1409年（永乐七年）12月，郑和船队两次远航，终点依然是印度的古里国。在此后的数年时间里，郑和的船队又先后到达东南亚、印度洋、波斯湾、红海，直至非洲东海岸，访问了30多个国家。我国古代的航海业，以郑和率领庞大的船队七下西洋为标志，达到了鼎盛时期。郑和是人类航海史上最伟大的航海家之一。

肯尼亚展出的中国瓷器

郑和下西洋

郑和本姓马，名和，是云南昆阳（今晋宁县）人。明永乐二年（1404年），因作战有功，明朝皇帝御笔亲赐“郑”字为姓，从此马和改名郑和。1405年6月，郑和被皇帝任命为总指挥官，率领一支由2.7万多人组成的庞大船队，从苏州刘家港起航前往亚非各国。郑和船队借助东北季风乘风破浪，沿印度支那半岛南下，抵达爪哇，又取西北航线，访问了满剌加，再西行至锡兰山，最后到达印度西南海岸的古里国（卡利卡特）。1407年夏，郑和船队又乘西南季风返航归来。

郑和率领船队第七次远航时，已年逾花甲，但他仍率巨船百余艘，历时两年多，访问了20多个国家。在返航途中，郑和不幸病死在古里国。

郑和用的航海图

郑和宝船模型

郑和
（1371～1433）

地理大发现

15世纪，《马可·波罗行记》在欧洲流传后，引发了欧洲上层社会对东方的向往。当时西欧的许多国家都想开辟新的海上航路，到东方去发财致富。最先去开辟新航路的，是西班牙和葡萄牙的探险家们。在探险航程中，他们不仅找到了通向东方的航路，还意外地发现了美洲大陆。后来在西方历史上，这一时期的探险活动被称作“地理大发现”。

发现美洲大陆

哥伦布是意大利的航海家。他14岁就在海上生活，后来移居西班牙。他相信“地球是圆的”这个说法，认为从欧洲向西航行，可以到达东方的印度和中国。自1492年8月开始，他在西班牙国王和王后的支持下，率领船队先后4次出海，开辟出了横渡大西洋到美洲的航路。他们在帕里亚湾南岸首次登上了美洲大陆，并且认为这个新大陆就是印度，于是把当地人称为印第安人，意思是“印度居民”。

哥伦布西航的计划得到了西班牙王室的支持

哥伦布的航程

1492年8月3日，哥伦布率领旗舰“圣玛丽亚”号和另外两艘小船，与临时招募来的水手一起，开始了第一次航行。10月12日，他们登上了第一个新发现的岛屿，并以西班牙国王的名义占领了该岛，将它命名为“圣萨尔瓦多”（即救世主的意思）。1493年4月，他们返回西班牙。1493年9月，哥伦布第二次远航，这次发现了多米尼加、波多黎各等岛屿。哥伦布第三次远航始于1498年5月，他们发现了南美洲北部的奥里诺科河人海口，并第一次踏上了南美大陆。1502年5月，哥伦布进行了最后一次航行，但最终他还是没有找到通往中国和印度的航线。1506年5月20日，哥伦布在贫困交加中死去。直到去世时，他还以为他发现的大陆是印度。

F.麦哲伦
（1480～1521）

第一次环球航行

1519年9月20日，葡萄牙航海家麦哲伦率领一支由5艘帆船、265名水手组成的探险船队，从西班牙的圣卢卡港起航，开始了一次历史性的环球航行。1521年3月，他们到达菲律宾群岛。在马克坦岛上，麦哲伦因介入了部落之间的冲突，在交战中被当地居民杀死。后来，这支船队经历了无数艰难险阻、骚乱反叛，在近乎绝望的3年航行后，终于环绕地球一周，于1522年9月回到西班牙。这是人类历史上的第一次环球航行，证实了地球是个圆球的说法。

麦哲伦率领着船队向西南航行，到达巴西海岸后，又向南行驶，经南美大陆和火地岛之间的海峡，进入了当时称为南海的太平洋。后来，这条海峡被称为“麦哲伦海峡”。

麦哲伦在菲律宾群岛的马克坦岛被杀，时年41岁。

达·伽马
（1460～1524）

开辟通往印度的航线

1497年7月，受葡萄牙国王曼努埃尔一世之命，葡萄牙航海家达·伽马率领4艘军舰，去寻找通往印度的新航线。船队于11月7日到达今南非的圣赫勒拿湾。然后，他们又绕过了好望角，闯过迷宫似的暗礁，在阿拉伯海员的领航下，横渡了印度洋，到达印度西南海岸的港口卡利卡特。这里就是当年郑和下西洋时到过的古里国。1499年9月初，达·伽马回到葡萄牙。这次他们航行了4万多千米，发现了真正的印度，达·伽马由此成了开辟从欧洲通往印度航路的著名航海家。

六分仪

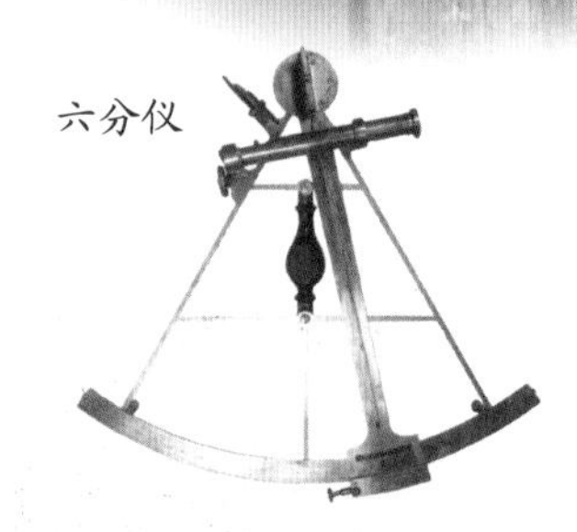

通过测量太阳与星星或月亮的角度来确定航船经度的仪器

四分仪

用来测纬度的仪器

好望角

风暴之角

1487年8月，葡萄牙航海家迪亚士率领一支探险船队，沿着非洲西海岸向南航行。他们此行的目的是确定非洲的南界。1488年5月，他们从非洲东海岸返回途中，终于见到了非洲最南端的海岬。由于这里的风浪特别大，迪亚士便把它定名为“风暴之角”。船队返回葡萄牙后，他们向国王汇报了这次航行的经历，国王为了振奋士气，将“风暴之角”改成了“好望角”。

环球探险考察

18世纪末至19世纪初，欧洲的探险家们已不像他们的前人那样，单纯去发现“新大陆”了，而是带有明显的科学考察目的。他们的实践为后来逐步形成的地球科学、生物科学、海洋科学奠定了基础。在这个时期，最有代表性的人物有英国探险家库克、德国科学家洪堡和英国生物学家达尔文。

J. 库克
（1728～1779）

库克船长

库克是18世纪英国著名的探险家，人们喜欢称他库克船长。他在一生中曾经进行了3次探险航程。第一次于1768年8月起航，在完成预定的观测任务后，他们向南航行，去寻找传说中的南方未知大陆。他们虽然没有达到目的，但却对新西兰的南北岛和澳大利亚东岸海域进行了测量，并由此绘制出了这一地区的精确海图。1772年2月和1776年7月，库克船长又率领船队进行了两次航行。1779年2月，他在夏威夷岛上被当地土著居民杀死。

库克船长在南太平洋的大溪地岛上，目睹了当地土著人的生活。

1779年2月，库克在夏威夷岛上因一只小船的纠纷，在与当地人的混战中被杀死。

航海表

库克船长航海用的航海表，可以精确算出航船位置。在以前的航海中，没有这种航海表，航船的位置误差有时竟达600～700千米。

航海的大敌——坏血病

在早期远程航海中，坏血病是一种极为可怕的疾病，它曾夺走了成千上万名水手的生命。库克船长在指挥远洋探险之前，多方求教于专家。当他看到一些文章中提到柑橘和柠檬可以预防坏血病时，便决定采用这一办法。结果，在库克3次远航中，无一水手患有坏血病。除了柑橘和柠檬外，库克还带了很多的泡菜。事实证明，泡菜对坏血病也有很好的预防作用。

测绘太平洋

库克船长是一位了不起的航海家，也是一位伟大的科学探险家。他在3次探险航行中，为有关太平洋的地理知识增添了许多新内容。与以前的航海家们不同的是，他在海图上极其准确地标出了自己的航程与发现，极大地丰富并提升了海图的内容和精确度。

踏上美洲大陆的科学考察者

自从哥伦布发现美洲大陆后，众多的欧洲人又相继踏上了这片陆地，这其中有一位德国的自然科学家洪堡。1799年，洪堡与法国的一位植物学家一起赴美洲中南部考察。他们沿途测量经纬度、地磁等地球物理数据，采集植物和岩石标本，并了解当地居民的生活，从而获得了极其丰富的科学资料。这次考察历时5年，行程9650千米。回来后，根据考察资料，洪堡撰写了许多著作。在著作中，他最先确定了等温线和等压线的概念，绘制了全球等温线图。他还研究了动植物群落与地理环境的关系。这些成果为近代地质学、气候学、地域学、生态学的建立奠定了基础。

A.von 洪堡
（1769～1859）

带着达尔文周游世界的“贝格尔”号军舰，停泊在澳大利亚的悉尼。

C.达尔文

（1809～1882）

达尔文的进化论

经过5年的科学考察，达尔文收集到了大量的有关生物和地质学的资料。这促使他思考物种起源的问题。他研究了各方面的大量证据后，逐渐形成了一个思想：生命以最原始的形式开始，在生存斗争中生物体获得发展和变异，新的形式和种类又在不断创生。这就是达尔文进化论的总观点。

达尔文环球科学考察

达尔文是英国最著名的博物学家，也是现代生物学的奠基者之一。1831年，他大学毕业不久，便参加了由英国皇家地理学会组织的“贝格尔”号环球科学考察。在这次考察中，达尔文在地质、植物、动物特征等方面，做了许多原始的观测和记录，采集了很多物种的标本。特别是关于加科隆群岛动物区系的研究资料，为他日后创立生物进化论，撰写《物种起源》一书，积累了大量基础性资料。

生活在科隆群岛的大象龟

科隆群岛

科隆群岛

科隆群岛又称加拉帕戈斯群岛，位于太平洋东部，属厄瓜多尔管辖的火山群岛，由19个火山岛及周围的海域组成。科隆群岛处于三大洋流的交汇处，是海洋生物的“大熔炉”。达尔文曾于1835年到达这个群岛，并最终撰写了《物种起源》这一旷世巨著。

非洲探险

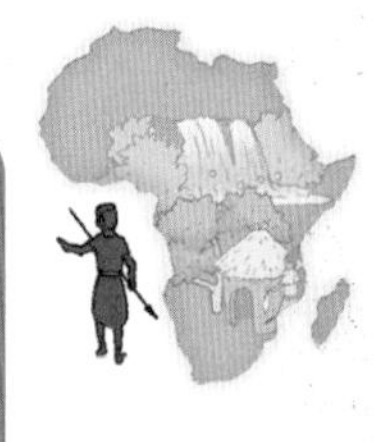

非洲是人类诞生的家园和人类文明的发源地之一。公元7世纪，阿拉伯人征服了埃及和整个非洲北部，并且向南直到非洲腹地，建立了很多商业贸易据点。15世纪，欧洲人出于对黄金的渴望和传教士传播基督教的目的，踏上了非洲的土地，同时也开始了非洲探险的历程。

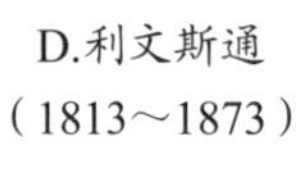

D.利文斯通
（1813～1873）

横穿非洲大陆的人

19世纪，传教运动很兴盛。英国的一个名叫利文斯通的传教士，来到非洲大陆传教。后来，非洲大陆的神秘又吸引他走上了探险的历程。1854年，他从中非出发向西行，到达了非洲的西海岸，然后又向东进发，于1856年到达了非洲的东海岸，行程共计6435千米。这一经历使他成为第一个横穿非洲大陆的欧洲人。

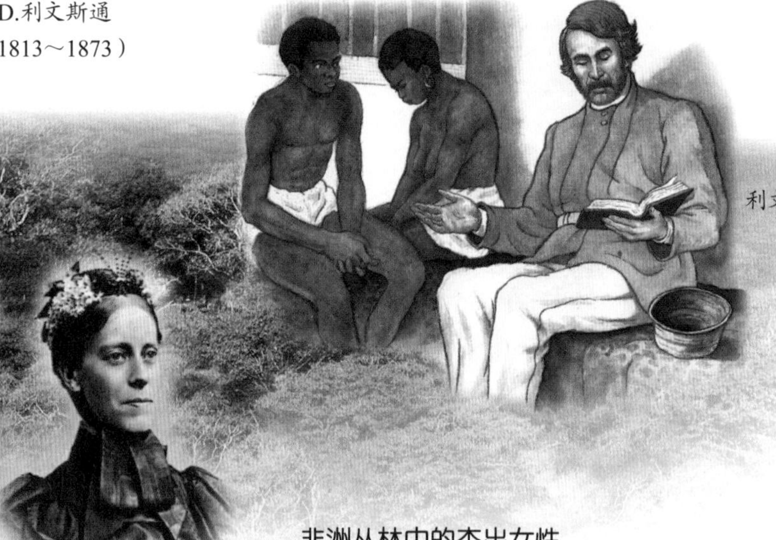

利文斯通在非洲传教

M.金斯利
（1862～1900）

金斯利生活在维多利亚时代，从小读了不少父亲收藏的探险书籍，对书中提到的非洲土著人的生活具有浓厚的兴趣。

非洲丛林中的杰出女性

在19世纪的非洲探险队伍中，有一位杰出的女性，她就是英国的人类学家和博物学家金斯利。1893年和1894年，金斯利先后两次离开英国，到非洲探险。她乘船到达西非海岸，进入刚果和加蓬地区，深入到非洲的赤道丛林中进行考察。她又乘独木舟航行在靠近赤道的奥果韦河上，在丛林中收集了大量标本，还成功地登上了喀麦隆火山。在探险中，她发现了一个从未受过外界影响的芳族村落，并证实了芳族人喜欢同类相食。

探险路上的伙伴

1853年，伯顿作为英国皇家地理学会派出的探险队员到非洲探险。在探险途中，伯顿碰到了斯皮克，并让他成了探险队中的一员。在探险途中，他们遇到了当地人的袭击，两人都受了重伤，于是不得不停止这次探险返回英国。1856年，伯顿邀请斯皮克参加了一支新的探险队，再一次来到非洲，准备去寻找尼罗河源头。1858年2月，他们发现了坦噶尼喀湖，但一直没有找到尼罗河的源头。在失望和资金短缺的情况下，他们开始沿原路返回。在返回途中，斯皮克独自北行，想去寻找一个叫乌凯雷韦的湖泊。最后，他发现了这个湖泊，并把它命名为维多利亚湖，

R.伯顿
（1821～1890）

伯顿是一个充满激情、具有冒险精神的语言学家，在一生的探险生涯中，他掌握了近25种语言和众多的方言土语。

维多利亚湖风光

斯皮克曾是一名军人，对探险有强烈的兴趣，曾到喜马拉雅山和西藏旅行。

J.H.斯皮克
（1827～1864）

找到了尼罗河的源头

为了证实维多利亚湖就是尼罗河的源头，1860年的春天，斯皮克选择格兰特上尉作为他的合作伙伴，重返非洲。1862年7月，他在向导的陪同下，遵照皇家地理学会的指令，开始了尼罗河源头的探查。斯皮克沿河徒步走了一个星期，来到了当地人称为“石丛”的地方。在这里他发现了一个大的瀑布，并将它命名为里彭瀑布，就是现在的欧文瀑布。尼罗河正是发源于维多利亚湖北端的这个瀑布。

到非洲探险的欧洲人都带有非洲的土著人随从，这些随从成为他们探险历程中的向导和护卫。

壮观的欧文瀑布

北极探险

最早到北极去探险的，是古代的亚洲人。他们渡过白令海峡，在现在加拿大的北极地区定居下来，成了现代因纽特人的祖先。哥伦布发现美洲大陆后，又激起了人们新的探险热情。有人认为，从欧洲往北航行去中国，这可能是一条既简单、又容易、又短的路线。于是，为了寻找东北航线，一些雄心勃勃的探险家便踏上了北极探险的历程。

巴伦支海

当英国的探险家们一批又一批向北航行，希望找到新的东北航线时，荷兰人也对东北航线产生了浓厚的兴趣，其中就有巴伦支。巴伦支在他短暂一生的探险中，一共完成了3次航行。在1594年和1595年的两次航行中，他曾环绕北欧到达新地岛附近。1596年的第三次航行，他指挥3艘船到达北纬79° 49′ 地区，创造了人类北进的新纪录。在第二年的6月，37岁的巴伦支死在一块漂浮的冰块上。为了纪念他，人们把北欧以北他航行过的一部分海域，命名为“巴伦支海”。

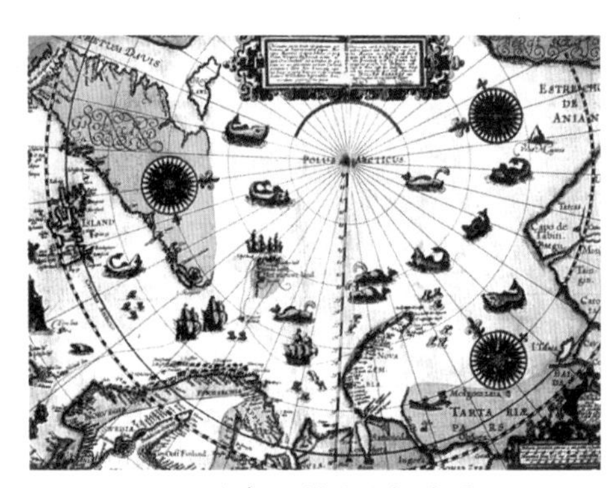

巴伦支绘制的北极地图

白令海和白令海峡

在太平洋的北部，有一片海域称作白令海，它是以白令的名字命名的。1725年，白令受俄国皇帝彼得大帝之命，率领25名探险队员，开始进行远洋探险。在此后的17年中，白令先后两次完成极其艰难的航行。在1739年开始的第二次探险航行中，他们到达了北美洲的西海岸，发现了阿留申群岛和阿拉斯加，从而证实，亚洲与北美洲并不是连在一起的，而是隔着一条海峡。这条海峡后来被命名为“白令海峡”。

V.白令（1681～1741）

1741年，白令因患坏血病不能有效地指挥，他们的航船在白令海触礁，他也因病死去。船员们将他的尸体绑在木板上，盖上松软的沙土，慢慢地沉入他发现的海域——白令海。

J.富兰克林
（1786～1847）

富兰克林是英国的海军少将和探险家。1847年6月11日，于探险中陷入绝境的富兰克林，在庆祝了他的生日之后不久，便与世长辞了。

富兰克林的贡献

1845年5月，已经60岁的富兰克林率领2艘轮船、129名船员，沿泰晤士河顺流而下，开始了他们打通西北航线的探险历程。不幸的是，富兰克林的船队进入北冰洋不久，便消失得无影无踪了。直到1859年人们才查明这批探险者的下落，并找到了船上人员的遗体，还有一直写到1848年4月25日的探险日记。原来他们的船只于1846年9月在威尼斯岛外的维多利亚海峡被冰块包围住，无法解脱。他们苦苦坚持，直到最后所有船员全部遇难。富兰克林虽然未能打通西北航线，但他的悲剧引起了世界的关注。在寻找、救援他们的行动中，人们所获得的有关北极地区的各种信息，为最终打通西北航线提供了宝贵的资料。

由于食物霉变无法食用，陷入绝境的富兰克林探险队人员开始死亡。1848年4月，剩余的人员弃船而逃，但由于身体虚弱，身染重病，他们一个个相继死去。

生活在北极圈内的因纽特人

北极圈

在北方的天空中，可以看到一组像勺子状的星星，它们按照固定的轨道，围绕一颗很亮的星旋转。这颗亮星就是北极星。古希腊人根据这一组星的位置，对应着在地球上画出一个圆圈。这个圆圈在北纬66°33′处，人们将它称为北极圈。

R.皮瑞
（1856～1920）

征服北极点

到达北极点一直是北极探险家的梦想。美国人皮瑞在连续两次探险失败后，于1909年发起了第三次向北极点的冲击。在这年4月1日，他带着助手亨森和4名因纽特人做最后冲刺，终于在4月6日到达了北极点。过去300多年来人们追寻的目标，终于由皮瑞实现了。

皮瑞穿着因纽特人为他制作的皮衣

南森的圆底船

F.南森
（1861～1930）

南森的成功

南森是挪威的探险家。他在总结前人去北极探险的失败经验之后，用了9年时间，建造了一艘船底呈圆形的探险船，并给它取名为“前进”号。圆形船底可以防止冰块对船体的直接撞击和挤压。他计划在冰海上漂泊5年，除进行海洋观测之外，力争到达北极点。从1893年6月南森驾驶他的“前进”号起航，到1895年3月，南森漂流了差不多两年。然而，实践证明漂泊是无法到达北极点的。于是，他破釜沉舟，带上28条狗、3副雪橇、2个皮舟以及其他生活用品登陆，向北进发。同年4月8日，他到达北纬86°14′处，创造了新的北进纪录，成为19世纪最接近北极点的人。这次探险历时3年，于1896年8月13日结束。1897年，南森出版了记载这次探险历程的《极北地区》一书。

南极探险

为了寻找“南方未知大陆”，从16世纪到19世纪，先后有西班牙人、英国人、法国人和美国人南下探险。他们不畏艰险，奔向南极，去探寻这个冰雪覆盖着的世界。他们中有的人为南极献出了毕生精力，有的甚至献出了生命。

南方未知大陆的假想

早在公元前2世纪，古希腊的哲学家们就认为，地球的南端应该存在一块大陆这块大陆或大或小。后来，地理学家托勒密猜想，应该有一块辽阔的陆地被印度洋所包围，至今未被发现。他把自己的假想在地图上绘制出来。于是，人们就把这块神秘的大陆定名为“未知大陆”。后来的学者们赞成这种说法，认为既然在地球的北部存在着连片的陆地，那么为“保持平衡”，在地球的南半部，也一定存在一个未被发现的大陆。

威德尔的船

威德尔海

1822年底，英国恩德比公司的威德尔船长率领两艘小船从南乔治亚岛出发，向南航行，创造了往南至南纬74°15′处的纪录。由他首次发现的海域，被命名为“威德尔海”。在这片海域中的小岛上生活的海豹，也被命名为“威德尔海豹”。

罗斯冰障

1841年1月29日，英国海军军官罗斯指挥一艘370吨的“恐怖”号帆船，沿180°子午线到达其航行的最南方——南纬78°处。在这里，罗斯遇到了一条很大的冰障。冰障高达十几米，形势陡峭，长度达300多千米，这就是后来的“罗斯冰障”。罗斯在为期4年的3次南极探险中，在南纬60°以南先后发现了6个海岛或群岛。在南极大陆他发现了7个区域。因此，他的名字多次出现在现代南极地图上。

南极的冰障

F.G.von.别林斯高晋（1778～1852）

R.阿蒙森（1872～1928）

别林斯高晋海

在发现南极洲的历史上，记载着一位俄国探险家的名字，他就是别林斯高晋。1819～1821年，他指挥“东方”号和“和平”号航船环绕南极大陆航行了一周。在这次探险航行中，他们发现了两块陆地，并把它们命名为亚历山大一世岛和彼得一世岛。由于附近冰层过厚无法通过，他们便在新发现的陆地北面绕过冰山，穿过了太平洋东南部的海区。为了纪念他们的这次航行，这个海区后来被命名为“别林斯高晋海”。

阿蒙森从南极回国途中与船员们合影

踏上南极点的人

20世纪初，人们已经初步掌握了南极大陆的地理情况，谁能第一个到达南极点便成为世人关注的焦点。1910年8月，挪威探险家阿蒙森获悉，英国探险家斯科特组织的南极探险队已在两个月前向南极进发，于是阿蒙森改变了去北极探险的计划，转向南极进发。1911年10月19日，阿蒙森等5人驾着由90只狗拉着的5副雪橇从营地出发。1911年12月14日，他们克服了重重困难，终于到达了南极点。在南极点，他们进行了连续24小时的太阳观测，并留下了分别写给斯科特和挪威哈康国王的信。12月18日，他们离开了南极点。

德雷克海峡

被人们称为“铁腕海盗”的英国人德雷克是英国著名的航海家。1577年，他率领3艘数十吨重的帆船沿南美海岸南下，去寻找南方未知的大陆。途中他们遇到强风暴袭击，偏离了航线，但却由此发现了火地岛。德雷克证实，火地岛并不是南方未知大陆。后人为了纪念他的这一发现，将火地岛与南极大陆之间的海峡命名为“德雷克海峡”。

阿蒙森的探险队
胜利到达南极点

R.F.斯科特
（1868～1912）

1912年1月17日，也就是阿蒙森到达南极点后一个月，英国探险家斯科特率领的探险队也到达了南极点。

斯科特在南极点发现了挪威人的帐篷

攀登珠穆朗玛峰的人

珠穆朗玛峰海拔8844.43米，位于中国和尼泊尔的国界上，是地球上最高的山峰，它与南极、北极并称为“地球的三极”。任何一个山地探险家都把登上珠穆朗玛峰顶作为自己的奋斗目标。但是，要登上这地球的最高峰，绝不是件轻而易举的事。为此，各国探险家们曾一次又一次地向珠穆朗玛峰发起冲击。

最先登上珠穆朗玛峰的E.希拉里和丹增

我们对自己的成功自然感到极大的欣喜。但我想，我们最终成功的喜悦和风光是建立在许多人、许多努力的基础上的——无论他们是夏尔巴人还是欧洲人，无论是那些在探险中牺牲的，还是那些做出巨大努力但最终没有成功的人。

——夏尔巴人丹增

珠穆朗玛峰

在中国和尼泊尔的国境线上，耸立着喜马拉雅山脉，山脉的主峰就是海拔8844.43米的珠穆朗玛峰。它的南坡在尼泊尔境内，北坡在我国的西藏。每年4～5月是珠峰的冬夏过渡季节，天气晴朗温和，为攀登的黄金季节。

首次登顶成功

进入20世纪，各国的探险家们多次组织探险队，试图征服珠穆朗玛峰，但前几次都失败了。1953年，英国登山家亨特率领一支探险队，再次向世界之巅发起冲击。这次，他们吸取了前人的经验教训，放弃了北坡路线，进入尼泊尔境内，从南坡向顶峰攀登。这支登山队战胜了重重艰难险阻，其中两人于1953年5月29日终于登上了世界最高峰顶。这两个人都不是英国人，一位是新西兰的农庄主、业余登山者希拉里，另一位是尼泊尔的夏尔巴族人、登山队队员兼向导丹增。

1953年英国登山队行进路线

1975年5月27日，中国登山队队员再次从北坡登上珠穆朗玛峰，在珠峰顶上展开五星红旗。

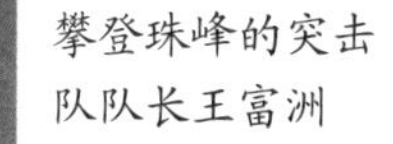

攀登珠峰的突击队队长王富洲

藏族登山队员贡布

登山队员屈银华

1960年5月25日凌晨4时20分，王富洲、屈银华、贡布三人第一次从北坡登上了珠峰峰顶。

从北坡征服珠峰

珠峰北坡曾被认为是不可攀登的死亡路线。1960年春天，中国登山队开始了中国人从北坡攀登珠峰的行动。5月24日，登山突击队员向珠峰发起最后的冲刺。在平均六七十度的陡坡悬崖面前，他们用身体搭成人梯，向上攀登。在海拔8830米处，他们用尽了所有的氧气，超越了生命极限，终于把五星红旗插到了珠峰顶上。

为什么大多数人登不上珠峰峰顶

攀登珠穆朗玛峰要克服四大障碍：一是空气稀薄，会导致强烈的高山反应；二是低温和大风，容易使登山者冻伤、呼吸困难；三是随时可能出现的自然灾害，如冰崩、雪崩、滚石等；四是地形十分陡峭。正是这四大障碍，把许多登山者拒之峰下。

最擅长攀登珠峰的夏尔巴人

在每年攀登珠峰登山队里，都少不了夏尔巴人向导。夏尔巴人大多生活在尼泊尔的索鲁昆布地区，也有一部分居住在中国西藏。由于长期生活在空气稀薄的高海拔山区，夏尔巴人的肺活量比普通人大得多，再加上长期与严峻的自然环境进行斗争，夏尔巴人成为最擅于攀登珠峰的人。在登山队里，夏尔巴人不仅负责探路、开路，还要为登山者提供后勤保障。

第一位从北坡登顶的女性潘多

征服世界屋脊的女性

在登上珠峰顶的人中，有两位杰出的女性。一位是日本的女登山家田部井淳子，她于1975年5月16日成为第一个从南坡登上地球之巅的女子。11天后，另一位女登山队员——中国的潘多从北坡登上了珠峰峰顶。

中国儿童百科全书（精装第一版）

中国儿童百科全书（10分册）

社　　长 刘国辉

主任编辑 刘金双

丛书责编 朱菱艳　牛　昭

地球家园

责任编辑 刘小蕊　牛　昭
封面设计 张倩倩
排版制作 张倩倩
责任印制 邹景峰